Ueber die

Grösse und Figur der Erde.

Eine Denkschrift

zur

Begründung einer mittel-europäischen Gradmessung

nebst

einer Uebersichtskarte

von

J. J. Baeyer,

Generallieutenant z D, auswärtigem Mitglied der Königl. schwedischen Académie des Sciences Militaires, correspondirendem Mitglied der Kaiserlichen Akademie der Wissenschaften zu St. Petersburg, Ehrenmitglied der K K. geographischen Gesellschaft zu Wien und Mitglied mehrerer gelehrten Gesellschaften.

Berlin.

Druck und Verlag von Georg Reimer.

1861.

Widmung.

Dem Andenken

Alexander's von Humboldt.

Dir, unsterblicher Mann! der Du uns gelehrt hast, die Natur in ihrer Gesammtheit aufzufassen und die Erhebung des Gemüthes, die uns bei dem Erkennen ihrer wunderbaren Gesetze ergreift, als den Drang des Geistes zu deuten, der dem Lichte der Erkenntniss zustrebt, um uns näher zu bringen dem ewigen unerforschlichen Urquell der Wahrheit, dem Vater aller Wesen und dem Schöpfer aller Dinge! Dir widme ich dieses Schriftchen, als einen Versuch, ob es meinen schwachen Kräften gelingen werde, ein Steinchen herbeizutragen zu dem grossartigen Bau vernünftiger Naturanschauung, zu dem Du den Grund gelegt!

Wenn auch Deine leibliche Gestalt nicht mehr unter uns weilt, Dein Wirken und Schaffen ist uns geblieben, und die Klarheit Deines Geistes leuchtet uns vor, durch die Finsterniss des Unverstandes hinauf zu den Höhen der Wahrheit!

Intolerante Eiferer haben Deine Bestattung gestört und Deine Religiosität angegriffen, aber Deine Auffassung des Evangeliums verhält sich zu der Lehre unduldsamer Priester, wie der hohe weite Himmelsdom zu dem niedrigen, engen Gewölbe der Kirchen!

Niedere Menschen haben sogar Deinen Charakter zu verunglimpfen gesucht, aber das Gold der

Treue und Wahrhaftigkeit wird nicht angegriffen von dem Rost der Tücke, und ein Demant von Gesinnung kann nicht geritzt werden durch niederes Gestein!

Hättest Du keine Fehler und Schwächen gehabt, so wärst Du kein Mensch gewesen! Alle Deine Zeitgenossen übertrafen Dich an Fehlern und Schwächen, nicht einer an Vorzügen!

Man hat Deinen zahllosen Freunden und Verehrern den Vorwurf gemacht, dass sie Dich gegen solche Unbill nicht vertheidigten, aber Deine ungekannten Feinde konnten Dich nicht erniedrigen, der Du auf der ganzen weiten Erde von allen denkenden Menschen gekannt und geliebt bist. Sie vermochten nur Wenige zu täuschen, und konnten nur ihre eigene Niedrigkeit zur Schau stellen.

Du bedurftest der besonderen Vertheidigung überhaupt nicht, denn Du bist vertheidigt durch die Schrift, die da sagt: an ihren Werken werdet ihr sie erkennen! und dann noch hinzufügt, dass man sich hüten solle vor den Wölfen in Schafskleidern, die ihre eigenen Satzungen für die Wahrheit ausgeben und Jeden zerreissen möchten, der ihnen nicht glaubt.

Du bist endlich auch vertheidigt durch den Dichter, der alle Edeln in Schutz nimmt gegen die Unedeln, wenn er sagt:

Es liebt die Welt das Strahlende zu schwärzen
Und das Erhab'ne in den Staub zu ziehn;
Doch fürchte nicht, es giebt noch bess're Herzen,
Die für das Hohe, Himmlische erglühn!

J. J. Baeyer.

Inhaltsverzeichniss.

Seite

Erster Abschnitt.

Geschichtlicher Ueberblick der Operationen, welche zur Bestimmung der Grösse und Figur der Erde ausgeführt wurden.

Zweiter Abschnitt.

Uebersicht der Resultate, welche sich in wissenschaftlicher und in praktischer Beziehung aus den Gradmessungen entwickelt haben und sich in nächster Zukunft noch daraus entwickeln können.

Seite

Dritter Abschnitt.

Entwurf zu einer mittel-europäischen Gradmessung.

Erster Abschnitt.

Geschichtlicher Ueberblick der Operationen, welche zur Bestimmung der Grösse und Figur der Erde ausgeführt wurden.

§. 1.

Breitengradmessungen.

Untersuchungen über die Figur und Grösse der Erde liegen dem geistig-wissenschaftlichen Aufstreben des menschlichen Geistes so nahe, dass sie in jeder namhaften Culturepoche hervortreten. Es konnte daher nicht ausbleiben, dass diese Frage schon bei den Alten vielfach discutirt wurde, und so finden wir denn auch, dass die Kugelgestalt der Erde den Griechen schon vollständig bekannt war.

Pythagoras (geb. 540 v. Ch.) soll der erste gewesen sein, der die Erde für eine Kugel erklärte. Dieser Ansicht traten Eudoxus und später auch Aristoteles bei, und zur Zeit des Ptolemäus galt sie bereits für eine ausgemachte Sache.

Sobald man sich einmal von der runden Gestalt der Erde überzeugt hatte, wurde man folgerecht auf die Aufgabe, nun auch ihre wirkliche Grösse zu bestimmen, hingeführt, und dem grossen Scharfsinn der griechischen Philosophen war es damals wirklich schon gelungen, die wissenschaftlichen Mittel zu ihrer Lösung zu finden.

Eratosthenes (geb. 276 v. Ch.) führte die erste Gradmessung zwischen Syene und Alexandrien durch Messung von Sonnenhöhen aus, und fand den Umfang der kugelförmigen Erde = 5813 geogr. Meilen. Eine zweite Messung unternahm später Posidonius zwischen Alexandrien und Rhodus, indem er Sternhöhen beobachtete. Die Angaben über das von ihm gefundene Resultat weichen aber ab; nach der einen soll er den Umfang der Erde = 5580, nach der anderen = 4187 geogr. Meilen gefunden haben. Ptolemäus nimmt das letztere an.

In den nun folgenden Zeiten der Barbarei ging aber die Kenntniss von der Kugelgestalt der Erde völlig wieder verloren; es konnte daher um so weniger von der Bestimmung ihrer Grösse die Rede sein. Allein gleich nach dem Mittelalter, mit dem Wiederaufblühen der Wissenschaften zu Anfang des 16ten Jahrhunderts, tauchte auch die Frage nach der Grösse der Erde sogleich wieder auf, nachdem sie mit der griechischen Cultur und den alexandrinischen Gelehrten vom Schauplatz verschwunden, und seit Eratosthenes und Posidonius anderthalb Jahrtausende geruht hatte.

Die Geschichte hat von jener Zeit bis zu der Gradmessung des französischen Arztes und Mathematikers Fernel (1525) nur von einem einzigen Versuche zu berichten, den die Araber unter dem Kalifen Al Mamum (827 n. Ch.) in den Ebenen von Sinjar am arabischen Meerbusen gemacht haben, dessen Resultate aber verloren gegangen sind.

Die Methoden, die Entfernungen zu bestimmen, waren bei den ersten Gradmessungen sehr verschieden und sehr unvollkommen.

Die Griechen benutzten dazu die Angaben der Karawanen, die in gewissem Sinne mit unseren Postcoursen verglichen werden können, an Genauigkeit denselben aber wohl kaum gleichzustellen sind. Fernel mass die Länge seines Grades zwischen Paris und Amiens durch die Umdrehungen seiner Wagenräder, deren Umfang er genau ermittelt hatte, und der Engländer Norwood bediente sich, mehr als hundert Jahre später (1635), der Kette, um den Bogen zwischen London und York, von nahe 40 deutschen Meilen Länge, zu messen, indem er die abweichenden Richtungen von der geraden Linie mit einem Graphometer mass und sie darnach auf die gerade Linie reducirte. Die Polhöhen bestimmte er mit einem fünffüssigen Sector.

Wenige Jahre später wendeten der Pater Riccioli und Grimaldi bei ihrer Gradmessung in Italien ein sehr verwickeltes Verfahren an, das aber ein so wenig übereinstimmendes Resultat lieferte, dass man es als unbrauchbar verurtheilte; ob mit Recht oder Unrecht, das bleibt dahin gestellt.

Der Mangel an Uebereinstimmung zwischen diesen und noch anderen Messungen machte die Lösung der Frage immer wichtiger und interessanter, und spornte den Scharfsinn zu neuen Erfindungen vielseitig an. Das Bedürfniss nach einfacheren und besseren Methoden lag vor und wurde durch den Niederländer Snellius befriedigt, der schon zu Anfang des 17ten Jahrhunderts die Dreiecksmessung (Triangulation) erfunden hatte.

Von nun an traten Triangulationen an die Stelle der mühsamen und doch ungenauen directen Messungen. Snellius selbst hatte eine solche bereits 1615 zwischen Alcmar und Bergen-op-Zoom ausgeführt, die indessen noch viel zu wünschen übrig liess; allein der damals berühmte französische Geometer Picard zeigte bei seiner, ihm 1669 von der wenige Jahre vorher (1666) neuerrichteten Akademie der Wissenschaften in Paris übertragenen Gradmessung, welcher Vervollkommnungen die Methode fähig war. Die

Anmerk. Ausführlichere Nachrichten über die älteren Gradmessungen mit Angabe der Quellen findet man in dem Werkchen: Geschichte und System der Breitengradmessungen. Eine Inaugural-Dissertation von Dr. Lorenz Posch. Freysing 1860.

Resultate seiner Messung (er fand die Länge eines Grades = 57060 Toisen) dienten den Newtonischen Arbeiten über die allgemeine Schwere zur Grundlage, und waren die Veranlassung, dass Newton seine 1666 angefangenen, aber wieder abgebrochenen Untersuchungen 1676 ernstlicher wieder aufnahm, und nun die grosse Entdeckung seines allgemeinen Gravitationsgesetzes glücklich vollendete.

Die allgemeine und energische Verfolgung einer wissenschaftlichen Frage wirkt stets productiv nach verschiedenen anderen Richtungen, und so sehen wir auch hier schon die Gradmessungen, deren ursprüngliches Ziel Bestimmung der Figur und Grösse der Erde war, in naher Verbindung mit der wichtigsten Entdeckung, die je dem menschlichen Geiste gelungen ist, die weit von der Erde hinweg, hinauf zur Ergründung der Bewegungen der Himmelskörper, zur Mechanik des Himmels, führte und die zugleich eine reichhaltige Quelle vieler nachfolgenden mathematisch-physikalischen Entdeckungen wurde, und sogar, höchst unerwartet, auf einem ganz anderen Wege eine Lösung der Frage über die Figur der Erde herbeiführte. Richer hatte nämlich 1672 in Cayenne die Verkürzung des Secundenpendels gegen Paris beobachtet. Huygens und Newton erklärten diese Erscheinung als eine Folge der durch die Rotation der Erde erzeugten Schwungkraft, und Newton bewies nun aus der Schwere und Schwungkraft, nach reinen Principien der Mechanik, dass die Erde ein an den Polen abgeplattetes Rotationssphäroid sein müsse. Das Gravitationsgesetz hatte aber damals noch so viele Widersacher, dass dieser Beweis sich keineswegs allgemeinen Eingang verschaffen konnte.

Diese Ergebnisse waren aber nicht der einzige Gewinn, der aus den Gradmessungen gezogen wurde. Picard erkannte zugleich auch, dass die neue Methode sich zur Entwerfung einer genauen Karte von Frankreich vorzüglic eigene, und legte der Akademie einen Entwurf vor, die

Messung im Meridian von Paris durch ganz Frankreich zu führen und mit der Landesvermessung eine erweiterte Gradmessung zu verbinden. Der Minister Colbert, unsterblich durch seine Verdienste um Wissenschaft und Kunst, unterstützte diesen Vorschlag und verschaffte ihm die Genehmigung des Königs. 1680 fingen Cassini und de la Hire die neue Vermessung Frankreichs an, die aber durch Colbert's Tod unterbrochen, 20 Jahre später von Cassini dem Jüngern wieder aufgenommen und erst im folgenden Jahrhundert 1718 beendigt wurde. Sie erstreckte sich von Perpignan bis Dünkirchen und hatte eine Ausdehnung von $8\frac{1}{2}$ Grad.

Der südliche Theil der mit der Landesvermessung verbundenen Gradmessung, von Paris bis Collioure, hatte die Länge eines Grades = 57097 Toisen gegeben, während der nördliche Theil von Paris bis Dünkirchen dafür nur 56960 Toisen gab, woraus folgte, dass die Erdaxe eine grössere Länge als der Aequator-Durchmesser habe. Dies war das gerade Gegentheil von Newton's, auf das Gesetz der allgemeinen Schwere und Schwungkraft gestützten Behauptung, dass die Erde an den Polen abgeplattet sein müsse, und veranlasste den langen und heftigen Streit zwischen der Pariser Akademie und den englischen Gelehrten, der später damit endete, dass Newton Recht behielt, der aber zunächst die Veranlassung wurde, dass im 18ten Jahrhundert die Arbeiten in England und Frankreich mit erhöhter Kraft und Energie in einem leidenschaftlichen Wettstreit fortgeführt wurden. Die grössten Gelehrten diesseits und jenseits des Canals strengten sich an, um die wissenschaftlichen Hülfsmittel der Messkunde zu erweitern, und die bedeutendsten Künstler massen ihre Kräfte bei der Vervollkommnung der Instrumente.

Die Nachricht von den europäischen Gradmessungen war durch Missionaire auch nach anderen Erdtheilen gelangt und es schien einen Augenblick, als ob der Sinn und das Interesse dafür sich sogar im fernen Osten von Asien lebendiger entwickeln würde; denn wir begegnen selbst in China im Jahre 1702 einer Gradmessung bei Peking, die auf Befehl des Kaisers Camby unter der Leitung des Pater Thomas in Gegenwart eines chinesischen Prinzen ausgeführt wurde. Dieser Anfang war aber auch das Ende der chinesischen Gradmessungen.

Den Glanzpunkt aller wissenschaftlichen Anstrengungen auf diesem Gebiete bilden aber die bekannten von der Pariser Akademie entworfenen französischen Expeditionen, zu denen Maurepas den Minister Cardinal Fleury, und den König bewog, um die grosse Streitfrage vollständig zu entscheiden. Die erste ging 1735 unter La Condamine, Bouguer und Godin nach Peru und mass, unterstützt von dem Spanier Ulloa, auf den Spitzen der Cordilleren in der Nähe von Quito einen 3° 7′ fassenden Meridianbogen, der gewöhnlich die Peruanische Gradmessung genannt wird und von der die Toise du Pérou den Namen hat. Die zweite Expedition ging 1736 nach Lappland. Sie bestand aus Maupertuis, Clairaut, Camus, Lemonier und Outhier, denen sich in Schweden noch Celsius anschloss, und mass in Jahresfrist bei Tornea unter dem Polarkreise einen Bogen von etwa einem Grad Ausdehnung.

Bouguer fand die Länge eines Grades unter dem Aequator = 56753 Toisen. Zwischen Paris und Amiens hatte man 57060 Toisen gefunden, und Maupertuis erhielt unter dem Polarkreise den Grad = 57437 Toisen.

Aus diesen Grössen ging die Bestätigung der Newtonischen Ansicht, dass die Erde ein an den Polen abgeplattetes Ellipsoid sein müsse, mit voller Evidenz hervor.

Alle bisherigen Messungen waren ausschliesslich in der nördlichen Halbkugel ausgeführt; es musste daher ein besonderes Interesse erregen, dass La Caille, als er 1750 nach dem Vorgebirge der guten Hoffnung ging, um die Mondsparallaxe zu bestimmen, daselbst zugleich auch unter 33° südl. Breite eine Gradmessung von $1\frac{1}{4}$ Grad ausführte.

Nachdem aber das Ergebniss derselben sich nicht mit einer gleichförmigen Gestalt der Erde vereinigen liess, waren Einige geneigt, dies der Unzuverlässigkeit der Arbeit zuzuschreiben, Andere, es durch eine Ungleichförmigkeit beider Halbkugeln zu erklären.

Die oben erwähnten grossen Expeditionen hatten durch die Grossartigkeit der aufgebotenen Mittel, und durch die endgültige Entscheidung des langjährigen Streites so grosses Aufsehen gemacht, dass sich bald mehrere Staaten an den Gradmessungen zu betheiligen anfingen. In Italien arbeiteten die Patres Le Maire und Boscowich von 1751—53 im Kirchenstaat unter Papst Benedict XIV., und 1768 der Pater Beccaria in den Ebenen von Turin; in Ungarn und Mähren bestimmte der Pater Liesganing einen Bogen von etwa 3 Grad Breitenunterschied; in Amerika massen 1764 der Engländer Mason und der Amerikaner Dixon in den weiten Ebenen Pensylvaniens einen Meridianbogen von 1° 28′ 45″ sehr sorgfältig mit der Kette; selbst in Ostindien unternahm 1790 Reuben Burrow eine Messung von 1° 8′. Wenn auch viele dieser Arbeiten grössten Theils aus Mangel an guten Instrumenten kein nennenswerthes Resultat geliefert haben, so zeigen sie doch, welch' allgemeinen Anklang die Aufgabe fand und wie viele Mittel und Kräfte an ihre vollständige Lösung gesetzt wurden.

Es hatte sich ein Geist des Fortschrittes entwickelt, und ein Drang nach Erkenntniss hervorgethan, der sich mit grosser Anstrengung aus dem trüben Schlamm der Unwissenheit zu dem klaren Lichte der Wahrheit emporzuarbeiten suchte. In culturhistorischer Beziehung ist deshalb der Gegensatz doppelt merkwürdig, in dem die heutige Verdammung der Naturwissenschaften mit dem lebendigen Eifer steht, mit welchem sich die Geistlichkeit des 17ten und 18ten Jahrhunderts seit Riccioli und Grimaldi, in Oesterreich und Italien, das Studium der Natur angelegen sein liess.

Auf diese Weise wurde die Geschichte der Gradmessungen zu dem denkwürdigsten Ereigniss in der Bildungsgeschichte der Menschheit. Es giebt kein wissenschaftliches Problem, zu dessen Lösung aufgeklärte Fürsten und Regierungen so viel Mittel aufgeboten und an dem sich die geistigen Kräfte aller Nationen mehr versucht hätten; es giebt aber auch keines, welches ein Zusammenwirken so nothwendig gemacht, und welches die günstigen Erfolge vereinter Thätigkeit besser zu Tage gelegt und der Nachahmung empfehlenswerther gemacht hätte. Die Geschichte der Gradmessungen bietet uns so, gleichsam als ersten Akt der neueren Entwickelung (der Associationen), das schönste und grossartigste Beispiel gemeinsamer Anstrengungen und auf ein Ziel gerichteter Kräfte dar, dem die heutige Messkunde ihre Entstehung, die praktische Astronomie und die Nautik ihre hohe Vervollkommnung, und alle Wissenschaften, die mit Messungen und Beobachtungen zusammenhängen, mehr oder weniger viel verdanken.

Es war keine aufflackernde, vorübergehende Begeisterung, sondern ein andauerndes Kämpfen und Ringen nach immer besseren Methoden und genaueren Resultaten, an dem fast alle gebildeten Völker der Erde Theil nahmen und mit Ausdauer festhielten. Selbst die französische Revolution und die grossen politischen Erschütterungen, die in ihrem Gefolge über die europäischen Staaten hereinbrachen, vermochten nur vorübergehende Stockungen hervorzubringen. Sogar diese Revolution selbst hatte ihre Gradmessung, die wiederum durch die Pariser Akademie veranlasst wurde, in der officiellen Absicht, dass sie dem neuen Maass- und Gewichtssystem (mètre und kilogramm) der Republik zur Grundlage dienen sollte; in Wahrheit aber, um die Gelehrten im Dienst der Republik zu beschäftigen und sie dadurch gegen das Schicksal Lavoisier's sicher zu stellen; zugleich aber auch, um das grosse, seit Jahrhunderten verfolgte Problem der Bestimmung der Figur und Grösse der Erde seiner Lösung näher zu bringen. Delambre und Mechain fingen 1792, unterstützt von Borda's technischem und Laplace's mathematischem Talent, die neue Gradmessung zwischen Dünkirchen und Barcelona an, deren Resultate schon 1799 der Commission des Poids et mesures vorgelegt werden konnten und zur Bestimmung des neuen Metre-Maasses dienten.

England war während der französischen Expeditionen und auch lange nachher ruhiger Zuschauer geblieben. Die erste Triangulation auf englischem Boden wurde erst 1783 unter General Roy mit einem dreifüssigen Theodoliten von Ramsden unternommen. Nachdem es sich aber einmal an der Bestimmung der Grösse und Figur der Erde betheiligt hatte, verfolgte es auch diese Aufgabe mit grossartigen Mitteln und mit seltener Ausdauer und hielt daran fest bis auf den heutigen Tag, während sie ihren östlichen Nachbaren in den letzten 20 Jahren fast aus dem Gedächtniss gekommen ist.

Mit dem Beginn des 19ten Jahrhunderts nahmen die Gradmessungen, wenn auch nicht an Kostenaufwand, doch an innerer Gediegenheit einen neuen Aufschwung. Aeltere Messungen wurden mit besseren Instrumenten theils wiederholt, theils erweitert und viele neue Unternehmungen in's Leben gerufen.

1801 begann in Schweden eine Wiederholung und Erweiterung der Maupertuis'schen Arbeit unter Swanberg im Verein mit anderen schwedischen Gelehrten.

1802 hatte in Ostindien Major Lambton eine kleine Gradmessung unternommen; 1805 aber fing er dort seine grosse Gradmessung an einer anderen günstigeren Stelle an.

In Frankreich arbeitete Mechain an der südlichen Erweiterung der Gradmessung von Barcelona durch Spanien bis nach Formentera, starb aber 1805, worauf Biot und Arago die Fortsetzung der Messungen übernahmen und im Jahre 1808 den ganzen Bogen von Formentera bis Dünkirchen in einer Ausdehnung von $12\frac{1}{2}$ Breitengraden, der unter dem Namen der grossen französischen Gradmessung bekannt ist, glücklich beendigten.

In England wurde die Gradmessung durch Mudge, den Nachfolger des Generals Roy, von Dunnose auf der Insel Wight bis Clifton in einer Ausdehnung von 2° 50′ fortgesetzt und beendigt.

Auch Preussen hatte zu Anfang des Jahrhunderts eine Gradmessung unternommen, an deren Spitze der Baron v. Zach, Director der Sternwarte auf dem Seeberge bei Gotha, stand, und dem der damalige Hauptmann im General-Quartiermeister-Stabe v. Müffling (der verstorbene Feldmarschall) beigegeben war.

Die Arbeiten begannen 1802 mit der Messung einer Grundlinie, die sich im Meridian der Sternwarte etwa 3000 Toisen nach Süden und 5000 Toisen nach Norden hin erstreckte, also eine Länge von circa 8000 Toisen hatte.

Die Messung des südlichen Theils der Grundlinie, wobei alles aufgeboten wurde, was Wissenschaft und Technik darboten, wurde zuerst beendigt. Zur Bezeichnung der Endpunkte waren zwei unbrauchbare eiserne Kanonen, welche Se. k. Hoheit der Grossherzog von Weimar zu diesem Zweck geschenkt hatte, in festen Fundamenten lothrecht eingemauert, in der Seele derselben Messingcylinder mit Blei eingegossen, auf denen Kreuzschnitte die Endpunkte bezeichneten. Lothrecht über diesen wurden steinerne Pyramiden errichtet.

Nachdem auf diese Weise die Grundlinie vollständig hergerichtet war, fingen die Dreiecksmessungen 1805 an; allein der Krieg von 1806 machte den Operationen ein Ende.

Gotha behauptete damals eine Neutralität, welche in der Art respectirt wurde, dass Preussen keine Theilnahme am Kriege gegen Napoleon verlangte.

Die Nachricht von der verlorenen Schlacht bei Jena

hatte, wie überall, so auch in Gotha einen panischen Schrecken verbreitet, der die Besorgniss erregte, dass Frankreich die Neutralität wohl nicht so leicht anerkennen möchte, als es von Preussen geschehen war. Das Geheimeraths-Collegium suchte daher jeden Vorwand zu entfernen, den Napoleon zur Anschuldigung benntzen könnte, als ob Gotha sich nicht völlig neutral benommen habe. Bei dieser Gelegenheit kam es zur Sprache, dass die auf dem Seeberge zur Bezeichnung der Endpunkte der Basis eingemauerten Kanonen als verborgenes Kriegsmaterial angesehen werden könnten. — Der Unglücksgedanke fasste Feuer — man schickte Arbeiter aus und liess die Kanonen herausreissen. — Der Herr v. Lindenau, damaliger Direktor der Sternwarte, später Minister in Dresden, hat zwar gleich darauf die Wiederherstellung des südlichen Endpunktes versucht, allein sie hat sich später als unsicher und unbrauchbar erwiesen.

Neben den vorzugsweise wissenschaftlichen Unternehmungen, hatte unter dem ersten Kaiserreich, das Bedürfniss guter Karten, noch ausgedehnte Triangulationen in Frankreich, Deutschland, Italien, den Niederlanden und Holland hervorgerufen, die von Offizieren des französischen Ingenieur-Geographen-Corps ausgeführt wurden, nachdem sie auf der Pariser Ecole polytechnique eine ausgezeichnete mathematische, und in der Ecole spéciale de Géodésie et de Topographie eine gründliche praktische Bildung erhalten hatten. Ich nenne hier nur die bekanntesten Namen: Krayenhoff, Tranchot, Delcros, Brousseaud, Bonne, Henri u. s. w., die alle, mit Ausnahme des letzteren, dem mehrfach Ungründlichkeit zur Last gelegt wird, ihren Ruf als gute Geodäten bewährt haben.

Nach dem Sturze Napoleon I. mag es zunächst wohl das anerkannte praktische Bedürfniss nach guten Karten gewesen sein, das unter dem Kaiserreich eine hohe Geltung erlangt hatte, welches den Hauptimpuls zu neuen und grossen geodätischen Unternehmungen hergab, und da dies Bedürfniss damals zumeist ein rein militairisches war, so wurden diese Arbeiten grossentheils von den Generalstäben der Armeen in die Hand genommen. Die Idee der Gradmessungen und die damit unzertrennliche wissenschaftliche Behandlung hatte aber so tiefe Wurzel geschlagen und ein so hohes Interesse behalten, dass der nächste Zweck, Karten zu machen, sie nirgends ganz verdrängen konnte, und dass man da, wo nicht von vornherein Männer der Wissenschaft mit der Leitung der Triangulationen betraut wurden, wenigstens zeitweise Gelehrte heranzog, um den grossen Nachtheil der im militairischen Verhältniss oft wechselnden Persönlichkeiten zu verhüten, und um die im praktischen Handwerk immer sinkende Wissenschaft, wieder zu heben und auf die Lösung der grossen Frage zurückzuführen.

In Frankreich wurden die unter dem ersten Kaiserreich angefangenen Arbeiten rührig fortgesetzt, wobei vor Allen der um die Geodäsie hochverdiente Puissant, nächstdem Coraboeuf und Blondel zu nennen sind.

In England erweiterte Colby die Triangulationen über Irland und Schottland bis zu den Shetlands Inseln und gab in Verbindung mit Airy der Englischen Gradmessung eine Ausdehnung von 10° 56′ mit 6 gemessenen Grundlinien und einer grossen Anzahl astronomischer Bestimmungen. Da diese Gradmessung gewissermassen als eine Fortsetzung der französischen angesehen werden kann, liefern beide vereint im Westen von Europa einen gut gemessenen Meridianbogen, der sich von den Balearen durch Spanien, Frankreich und Grossbritannien bis zu den Shetlands Inseln erstreckt und eine Ausdehnung von 22 Breitengraden hat.

In Ostindien wurden die früheren Messungen Lambton's unter Everest über einen Bogen im Meridian von 21⅓ Grad ausgedehnt, der sich vom Cap Comorin bis in die Nähe des Himalayagebirges erstreckt, und am Vorgebirge der guten Hoffnung wiederholte Maclear bis zum Jahr 1848 die alte La Caille'sche Messung und erweiterte dieselbe über mehrere Breitengrade.

Deutschland, von dem bis dahin auf diesem Gebiete kaum die Rede war, hatte mit der errungenen politischen Freiheit auch seine geistige Kraft und Spannung wie durch Zauberschlag wiedergewonnen, und eroberte bald eine seiner würdige Stellung.

In München baute Reichenbach seit 1804 die ausgezeichnetesten Theodoliten und astronomischen Instrumente und Frauenhofer überbot mit seinen Fernröhren und Linsen die besten Werkstätten des Auslandes.

In Hannover trat Gauss an die Spitze einer Gradmessung, bereicherte die Theorie mit wichtigen Sätzen über die gekrümmten Oberflächen, erweiterte die Praxis durch die Anwendung der Methode der kleinsten Quadrate auf geodätische Messungen und erfand 1821 den Heliotropen.

In Holstein und Dänemark leitete Schumacher eine neue Gradmessung und zeigte sich erfinderisch in der Construction der Instrumente und in Königsberg lehrte Bessel die allgemeine Auflösung der sphäroidischen Dreiecke.

So hatte Deutschland sich in wenigen Jahren in Technik und Theorie selbstständig und unabhängig gemacht und bis zur Spitze der Wissenschaft emporgeschwungen: es arbeitete mit einheimischen Instrumenten und berechnete die Beobachtungen nach den Vorschriften vaterländischer Gelehrten.

In anderen deutschen Staaten, wo nicht der direkte Zweck einer Gradmessung vorlag, wo aber eine möglichst vollkommene Landesvermessung erzielt werden sollte, wurden ebenfalls wissenschaftliche Männer an die Spitze gestellt. In Baiern erwarben sich Soldner und Schwerd; in Württemberg Bohnenberger; in Darmstadt Eckhardt einen Namen als gute Geodäten.

In Oesterreich, Preussen und Baden triangulirten die Generalstäbe; es wurden aber in Oesterreich Littrow und

Carlini; in Baden Nicolai zeitweise herangezogen, und in Preussen die Gradmessung in Ostpreussen Bessel übertragen, der in Folge dieser praktischen Arbeit die Gaussischen Lehren theils erweiterte, theils in einer ihm eigenthümlichen Weise behandelte und in voller Allgemeinheit auf die Vermessungen anwendbar machte, wodurch er der Geodäsie eine neue vollkommnere Gestalt gab.

In Sardinien und Schweden triangulirten ebenfalls die Generalstäbe, es betheiligten sich aber dort Plana, hier Hansteen und Selander zeitweise an den Arbeiten.

In Belgien wurde im Jahr 1849 unter General Nerenburger eine ganz neue Triangulation angefangen, die nach Bessel's Methode mit den vorzüglichsten Instrumenten ausgeführt wird.

Wir haben jetzt noch der Theilnahme Russlands an den Operationen zur Bestimmung der Grösse und Figur der Erde zu gedenkeu.

Die erste Idee zu einer Gradmessung in Russland stammt aus der Zeit, wo die grossen französischen Expeditionen nach Peru und Lappland entsendet wurden, und gehört De l'Isle an, der damals erster Astronom der Petersburger Akademie war. Nachdem 1737 sein Vorschlag zu einer Gradmessung von der Kaiserin Anna genehmigt worden war, maass er noch in demselben Jahre eine Grundlinie auf dem Eise zwischen Kronstadt und Peterhof und verband dieselbe 1739 durch Dreiecke mit einigen benachbarten Punkten. Damit hatte aber seine Operation ein Ende, über die er nie etwas veröffentlicht hat, so dass die Gründe, warum sie aufgegeben wurde, unbekannt geblieben sind.

Seit dem war in Russland nichts mehr geschehen und die jetzige grosse Gradmessung, nebst den damit in Verbindung stehenden ausgedehnten Triangulationen, datiren erst nach dem Befreiungskriege und verdanken ihre Entstehung zwei berühmt gewordenen Namen, Tenner und

W. Struve, deren beiderseitige, von einander unabhängigen Vorschläge die Bestätigung des Kaiser Alexander I. erhielten. Tenner war damals Oberst im Generalstabe; W. Struve Direktor der Sternwarte in Dorpat. Der erste vertrat gewissermaassen die praktischen, der zweite die wissenschaftlichen Kräfte des Reiches, und es muss für einen höchst glücklichen Zufall gelten, dass beide durch ihre ausgezeichneten persönlichen Eigenschaften in so nahe Verbindung kamen, dass sie eine förderliche Wechselwirkung auf einander ausüben konnten und auch in der That ausgeübt haben.

Tenner fing seine Messungen 1817 im Gouvernement Wilna mit einem 16zölligen Repetitionskreise von Troughton an. W. Struve, unterstützt durch den Flotten-Lieutenant, jetzigen Generalmajor, W. v. Wrangell, konnte erst 1821 an's Werk gehen, weil die im Auslande bestellten Instrumente nicht früher fertig wurden.

Bis zum Jahre 1828 hatte Tenner einen Bogen von $4\frac{1}{2}$ Grad zwischen Bristen in Curland und Belin im Gouvernement Grodno; Struve einen Bogen von $3\frac{1}{2}$ Grad von Jakobstadt an der Düna bis zur Insel Hogland im finnischen Meerbusen gemessen. In den Jahren 1828 bis 1830 vereinigten sie ihre beiderseitigen Arbeiten durch eine innige geodätische und astronomische Verbindung zu einer einzigen Gradmessung, die zwischen 52° und 60° Breite eine Ausdehnung von 8° 2′ hat.

W. Struve, der feinste und geschickteste Beobachter, den es je gegeben, hatte bei seinen Arbeiten die Beobachtungskunst um zwei wesentliche Vortheile bereichert; erstens, hatte er 1823 schon gefunden, dass die wiederholten einfachen Beobachtungen*) der Winkel bessere Resultate gaben, als die Repetitionsmethode, die damals fast ausschliesslich angewendet wurde; zweitens lehrte er die Bie-

*) Astron. Nachr. Bd. 2. No. 47 und 48.

gung der Fernröhre*) kennen und ihren nachtheiligen Einfluss beseitigen.

Diese Verbesserungen lieferten so günstige Resultate, dass sie nach und nach allgemein eingeführt wurden und dass sie in der praktischen Geodäsie, in Verbindung mit der Methode der kleinsten Quadrate einen entschiedenen Fortschritt bezeichnen.

Auf diese Weise hatte sich die Verbindung zwischen Wissenschaft und Praxis vollkommen bewährt, und Russland einen Platz in der höheren Geodäsie erobert, den es auf einem anderen Wege schwerlich erreicht haben würde: es hatte einen wesentlichen Beitrag zur Fortbildung der Wissenschaft geliefert, und seine Praktiker blieben unter dem steten wissenschaftlichen Einfluss nicht bei ihren alten Verfahrungsweisen stehen, wie es gewöhnlich der Fall ist, sondern machten sich unter Tenner's geschickter Leitung fortwährend mit den Fortschritten der Wissenschaft bekannt und arbeiteten sich bald bis zu ihrer Höhe hinauf.

Die Verbindung der Messungen von Tenner und Struve zu einem einzigen Meridianbogen von Belin bis Hogland war noch nicht völlig beendigt, als der Kaiser Nicolaus bereits die nördliche Fortsetzung unter Struve's Leitung genehmigt hatte. Diese neue Operation nahm 1832 ihren Anfang und wurde zuerst von 2 Offizieren des Generalstabes, Oberg und Melan, dann aber zum grösseren Theile von Woldstedt, dem jetzigen Direktor der Sternwarte in Helsingfors, ausgeführt, und im Jahre 1845 bei Torneå, dem Südpunkte der Maupertuis'schen Messung zu einem vorläufigen Abschluss gebracht.

Während dieser Zeit war Tenner mit der Triangulation der Gouvernements Wolhynien und Podolien beschäftigt.

Der gute Einfluss, den Struve bis dahin gewissermassen privatim auf die Vervollkommnung der Messoperationen

*) Arc du Méridien de 25° 20′ entre le Danube et la Mer Glaciale. St. Petersbourg 1856.

ausgeübt hatte, liess es wünschenswerth erscheinen, demselben einen mehr officiellen und bleibenden Character zu geben. Zu diesem Zweck wurde die grosse Central-Sternwarte zu Pulkowa erbaut und die Direktion derselben Struve im Jahre 1839 übertragen.

Von diesem Zeitpunkt an bildete diese Anstalt den wissenschaftlichen Mittelpunkt für die höheren Messoperationen im ganzen Russischen Reiche.

Gleichzeitig übernahm die Petersburger Akademie der Wissenschaften die Vertretung der Interessen der Gradmessung, und was noch wichtiger war, der General-Adjutant, General-Quartiermeister von Berg, gab die Erklärung ab, dass er nicht bloss die Vollendung der Gradmessung, sondern auch ihre grösstmögliche Ausdehnung, als im Interesse des Generalstabes liegend, ansehe und dass er deshalb die dazu erforderlichen Arbeiten mit allen ihm zu Gebote stehenden Mitteln werde zu fördern suchen.

In Folge dieser gemeinsamen, einheitlichen wissenschaftlichen Bestrebungen nahmen die Russischen Arbeiten einen solchen Aufschwung, dass sie bald in erster Linie rangirten. Die Offiziere des Generalstabes, welche sich der Messkunde zuwendeten, mussten, nach einem gründlichen theoretischen Unterricht, erst noch auf der Sternwarte von Pulkowa einen zweijährigen praktischen Cursus durchmachen, ehe sie zu den Feldarbeiten zugelassen wurden. Durch diese systematische Ausbildung wurde das grosse Uebel, welches leider heute noch da und dort besteht, gänzlich gehoben, und das darin seinen Grund hat, dass aus Mangel an gehöriger Ausbildung die Lehrarbeiten mit den besseren in ein Gemengsel zusammen geworfen werden, wodurch der Werth des Ganzen unter die Mittelmässigkeit herabgedrückt wird und die Resultate weder den wissenschaftlichen Anforderungen genügen, noch den darauf verwendeten Mitteln entsprechen.

Nach Beendigung der Arbeiten in Wolhynien wurde

einerseits im Jahr 1844 der Generallieutenant Tenner mit der Triangulation Besarabiens und der südlichen Fortsetzung der Gradmessung von Belin bis an die Donau beauftragt, andererseits wurde W. Struve von der Akademie der Wissenschaften nach Stockholm geschickt, um bei der Schwedischen Regierung die nördliche Fortsetzung der Gradmessung von Torneå bis zum Eismeere in Vorschlag zu bringen. Dieser Vorschlag fand das bereitwilligste Entgegenkommen.

Auf besonderen Befehl des Königs Oscar wurde Hansteen mit dem Norwegischen, Selander mit dem Schwedischen Antheil des zu messenden Bogens beauftragt und ersterem zwei Norwegische Ingenieur-Offiziere, Klouman und Lundh, letzterem der Marine-Lieutenant Skogman und der Prof. Agardh aus Lund, als Gehülfen beigegeben.

Diese Arbeiten gehören unstreitig wegen des rauhen Klimas und der Unwirthlichkeit der Gegenden zu den schwierigsten und mühseligsten Messoperationen, die jemals ausgeführt wurden. Sie nahmen 1845 ihren Anfang. Hansteen brachte seinen Antheil 1850, Selander den seinigen 1852 glücklich zum Abschluss.

Tenner hatte schon 1850 seinen südlichsten Endpunkt bei Ismael an der Donau erreicht.

Hiermit war das 1817 begonnene Werk einer Gradmessung von der Donau bis zum Eismeere beendigt. Es bestand aus einer zusammenhängenden Triangulation, die 259 Dreiecke zählte, von denen 225 auf den Russischen und 34 auf den Scandinavischen Antheil kommen. Zehn Grundlinien waren zur Controle und zur Vergleichung an verschiedenen Stellen des Bogens gemessen, und 13 Punkte nach Polhöhe und Azimuth astronomisch bestimmt worden.

Noch ehe die Besarabische Messung vollständig beendigt war, hatte Tenner schon die Triangulation des Königreichs Polen begonnen, deren wissenschaftlicher Zweck darin bestand, die grossen geodätischen Operationen Russlands mit denen des westlichen Europa's in Zusammenhang zu bringen. Diesen Zweck hat Tenner dadurch auf das Vollständigste erreicht, dass er zwei Verbindungen mit den österreichischen Messungen bei Tarnogrod und Krakau, zwei andere mit den preussischen bei Tarnowitz und Thorn ausführte. Eine dritte war schon bei Gelegenheit der Gradmessung in Ostpreussen bei Memel bewerkstelligt worden, so dass gegenwärtig fünf Verbindungen auf der Strecke von Memel bis Tarnogrod den Zusammenhang mit den übrigen Europäischen Dreiecksketten vermitteln.

Aus dieser geschichtlichen Darstellung geht hervor, wie durch das Zusammenwirken der Behörden, verbunden mit einer wissenschaftlichen Aus- und Fortbildung des Personals, die Russischen Arbeiten mit ihrer grösseren Ausdehnung stets an innerer Gediegenheit gewonnen haben, und wie sie allmählig diejenige Stufe der Vollendung erreichten, auf der wir sie heute erblicken; begünstigt durch den glücklichen Umstand, dass es beiden Meistern in der Messkunst, Struve und Tenner, vergönnt war, an ihrer gemeinschaftlichen Schöpfung einige 40 Jahre lang arbeiten und wirken zu können.*)

So hat Russland unter der Leitung seiner berühmten Geodäten und mit den reichen Mitteln, welche die Kaiserliche Munificenz dem Unternehmen zuwendete, wahrhaft Grossartiges geleistet. Es besitzt gegenwärtig nicht blos die grösste Gradmessung im Sinne des Meridians, die inclusive des scandinavischen Antheils 25° 20′ Breite umfasst und sich von Ismael (45° 20′) an der Donau, bis Fuglenaes (70° 40′) bei Hammerfest auf der Insel Kval-Ö im Eismeere, erstreckt, sondern es hat auch in der Längenrichtung die ausgedehntesten Dreiecksketten, die von der preussischen Grenze noch über Astrachan hinaus bis an die Grenze von Asien reichen.

*) W. Struve erkrankte 1858 und ist bis jetzt noch nicht bis zur Wiederaufnahme seiner wissenschaftlichen Thätigkeit genesen. Tenner starb im December 1859 in Warschau als General der Infanterie, Senator und Chef der Triangulation des Königreichs Polen.

§. 2.

Längengradmessungen.

Die Bestimmung der Längenunterschiede zwischen verschiedenen Punkten auf der Erdoberfläche ist viel schwieriger, als die ihrer Breitenunterschiede. Daher kömmt es, dass die Längengradmessungen seltener sind und bisher auch nicht den Erfolg gehabt haben, wie die Breitengradmessungen.

Die erste Längengradmessung soll von Cassini und Miraldi 1734 im Parallel von Paris ausgeführt worden sein. 1740 massen Cassini de Thüry und Lacaille vermittelst Pulversignalen einen Längenbogen von nahe zwei Grad zwischen St. Clair bei Cette und dem Mont St. Victoire bei Aix.

Auch in Ostindien wurden von Burrow und Lambton Versuche gemacht, um die Grösse von Längengraden zu bestimmen.

Alle diese Messungen sind aber in ihren Resultaten so verschieden, dass sie nur als die Vorläufer zu besseren Arbeiten angesehen werden können.

Die erste Längengradmessung von wissenschaftlicher Bedeutung wurde unter dem 45sten Parallel von der Mündung der Gironde durch ganz Frankreich über Turin und Mailand bis Fiume ausgeführt.

Nachdem die Messung des grossen Meridianbogens zwischen Formentera und Dünkirchen beendigt war, ordnete das französische Gouvernement, welches neben dem praktischen Zweck, genaue Aufnahmen zu erzielen, bis dahin niemals das wissenschaftliche Interesse aus den Augen verloren hatte, sogleich eine neue Triangulation in einer auf den grossen Meridianbogen senkrechten Richtung an, um die verschiedenen geodätischen Operationen, die unter dem ersten Kaiserreich in Savoyen, der Schweiz, Ober-

Italien und Istrien stattgefunden hatten, in Verbindung zu bringen, und um die Grundlage zu einer grossen Längengradmessung zu gewinnen, die sich vom Atlantischen Ocean bis zum Adriatischen Meere erstrecken sollte.

Im Jahre 1811 wurde die Leitung dieser Arbeiten dem Colonel Brousseaud übertragen und vorzügliche Instrumente, ein 13zölliger Cercle repétiteur von Bellet, ein 12zölliger à niveau fixe von Fortin und ein 14zölliger Kreis von Gambey zu seiner Verfügung gestellt. Das erste dieser Instrumente wurde aber bald durch einen merkwürdigen Zufall unbrauchbar. Am 20. August 1811 überraschte den Obersten Brousseaud ein Gewitter auf dem Mont-d'Or. Der Blitz schlug in die Signal-Pyramide, tödtete den Wächter, verletzte seinen Diener, fuhr dann in den Instrumentenkasten, schmolz zwei Fussschrauben des Kreises und die Ocularhülse nebst der Linse am oberen Fernrohr. Er selbst blieb unversehrt.

Nachdem das französische Dreiecksnetz vom Tour de Corduan (Mündung der Gironde) bis an die Savoyische Grenze beendigt war, machte das französische Gouvernement, auch nach dem Sturze des Kaiserreiches den ursprünglichen wissenschaftlichen Plan verfolgend, im Jahre 1820 der sardinischen Regierung den Vorschlag zur Ausfüllung der zwischen Chambery und Turin noch vorhandenen Lücke in den Dreiecksketten, und forderte zugleich auch die österreichische Regierung zur Theilnahme an der projectirten Längengradmessung auf. Dem zufolge wurde im folgenden Jahre von dem österreichischen und sardinischen Gouvernement eine gemischte Commission ernannt, bestehend aus Offizieren des beiderseitigen Generalstabes und den Direktoren der Sternwarten von Mailand und Turin, Carlini und Plana, um die fehlende geodätische Verbindung mit dem französischen Dreiecksnetz herzustellen und die Längengradmessung in Gemeinschaft mit den französischen Gelehrten in Ausführung zu bringen.

Von Französischer Seite nahmen an den astronomischen Arbeiten der Oberst Brousseaud und der Astronom Nicollet Theil. Aus Genf hatten sich die Professoren Pictet und Gautier angeschlossen, um die Längenbestimmungen auch auf die Sternwarte von Genf auszudehnen, die mit in das Dreiecksnetz gezogen worden war.

Die Zeitunterschiede wurden vermittelst Pulversignalen gemessen.

Die Arbeiten der gemischten Oesterreichisch-Sardinischen Commission sind in dem Werke: Mesure d'un arc du Parallèle Moyen, Milan 1825, enthalten. Der französische Antheil ist in Nouvelle Description Géométrique de la France. Par L. Puissant. Paris 1832 niedergelegt.

Astronomische Stationen waren folgende sieben:

Signal Ferlanderie bei Saintes, in Verbindung mit Marennes;

Signal d'Opmes bei Clermont-Ferrand, in Verbindung mit Signal Usson;

Signal von Montceau und in Verbindung damit das auf dem Mont Colombier;

Signal auf dem Mont-Cenis;

die Sternwarten von Turin und Mailand und endlich der Thurm Sainte Justine zu Padua.

Die auf diesen Stationen gemessenen Azimuthe zeigten nicht unbedeutende Unterschiede mit den von Paris aus berechneten; ganz ungewöhnlich gross war aber diese Abweichung auf dem Mont-Cenis, wo das beobachtete Azimuth um 49″,55 kleiner gefunden wurde, als das berechnete. Dieser auffallende Unterschied wurde einer Ablenkung der Lothlinie oder einer Unregelmässigkeit in der Figur der Erde in jener Gegend zugeschrieben.

Diese Ansicht gewann dadurch an Gewicht, dass selbst zwischen den Sternwarten von Turin und Mailand der astronomische Längenunterschied um 31″,29 in Bogen kleiner gefunden wurde, als der von Mailand her geodätisch berechnete. (Siehe das oben angeführte Werk 2. Theil Seite 263).

Der ganze gemessene Längenbogen von Marennes bis Padua beträgt 0″ 51′ 56″,248 in Zeit oder 12° 59′ 3″,72 in Länge.

Ein Grad dieses Parallels unter 45° 43′ 12″ Breite wurde im Mittel aus den 6 Intervallen = 77862^{int},60 gefunden. Der kleinste Werth war 77792^{int},00, der grösste 77984^{int},95.

Dieser Unterschied von 192^{m},95 zwischen Werthen, die von gleicher Grösse hätten gefunden werden sollen, sind zu bedeutend, um sie ohne Weiteres als bei der Figur der Erde wirklich vorhanden annehmen zu können.

Wir wollen daher die einzelnen Operationen, die zu diesem Resultat geführt haben, näher prüfen.

1. Die Dreiecksmessung. Diese ist mit guten Instrumenten und in einer Weise ausgeführt worden, dass ihr nur unbedeutende Fehler zugeschrieben werden können.

2. Die Berechnung des Parallelbogens. Jeder Parallelbogen liegt in einer Ebene, die senkrecht auf der Rotationsaxe der Erde steht. Diese Ebene wurde aus der astronomischen Bestimmung von Paris für eine Abplattung von $\frac{1}{308}$ durch Rechnung gefunden. Dies ist aber nur richtig, wenn die vorausgesetzte Abplattung der Wirklichkeit entspricht; ist dies nicht der Fall, so weichen die berechneten Azimuthe um desto mehr ab, je weiter die Punkte vom Meridian von Paris entfernt liegen, und die gefundenen Stücke des Parallelbogens liegen nicht mehr in einer Ebene. Eine solche Abweichung der Azimuthe fand nun wirklich statt, wodurch also eine Fehlerursache constatirt ist.

3. Die astronomische Messung der Längenunterschiede. Wenn die Zeitbestimmungen selbst auch damals schon einen wünschenswerthen Grad der Zuverlässigkeit gehabt haben, so war doch der Einfluss der personellen Gleichung noch

nicht bekannt, worin also eine zweite Fehlerursache gefunden werden muss.

Beide Fehlerursachen können nun zwar die obigen Unterschiede sehr vermindern, sie reichen aber nicht aus, um sie völlig zu erklären. Der übrigbleibende Rest kann daher nur durch Unregelmässigkeiten in der Figur der Erde erklärt werden.

Ein zweiter grosser Parallelbogen, der in Frankreich gemessen wurde, geht von Brest über Paris nach Strasburg. Der Theil von Paris bis Brest wurde unter der Leitung des Colonel Bonne in den Jahren 1818 bis 1823 ausgeführt, und bei Plouescat in der Nähe von Cap Finistère eine neue Grundlinie gemessen.

Der östliche Theil von Paris bis Strasburg war schon früher unter der Leitung des Colonel Henry angefangen worden, der schon 1804 bei Ensisheim in der Nähe von Colmar eine Basis gemessen hatte. Im Jahr 1818 wurden bei einem Theile dieser Dreieckskette die Winkel in der Nacht nach dem Licht von parabolischen Spiegel-Lampen (Reverbères) gemessen.

Die astronomischen Bestimmungen auf diesem Parallelbogen oder die der Obersten Henry und Bonne waren nach dem Urtheil von Puissant ungenügend.*)

Die Messungen der Zeitunterschiede durch Pulverblitze wurden 1824 und 1825 ausgeführt und ergaben zwischen Paris und Strasburg $0^u\ 21'\ 35'',48$ Zeitunterschied. Zwischen Paris und Brest dagegen lieferten sie kein brauchbares Resultat.

Auf diese Weise war die Operation als Längengradmessung damals gänzlich verfehlt. Sie ist indessen in der neuesten Zeit wieder aufgenommen und nach Osten hin über München bis Wien erweitert worden. Die Zeitunterschiede werden vermittelst der elektrischen Telegraphen

*) Nouvelle Description géométrique de la France. 1. Part. p. 208 u. 219.

gemessen. Ueber die Resultate ist aber bis jetzt noch nichts bekannt geworden.

In Deutschland hatte der General von Müffling im Jahre 1816*) eine Längengradmessung entworfen, die von der Sternwarte Seeberg bei Gotha bis nach Dünkirchen (dem nördlichen Endpunkt des grossen französischen Meridianbogens) gehen sollte. Die Längenunterschiede sollten durch Pulversignale gemessen werden und die Stationen, 15 an der Zahl, waren durch Recognoscirungen ermittelt. Im Frühjahr 1817 legte v. Müffling seinen Entwurf dem Bureau de Longitudes in Paris vor, welches eine Commission ernannte, um Versuche darüber anzustellen, ob das Messen von Zeitintervallen durch Pulverblitze oder durch das Blenden von grossen Reverbères vortheilhafter sei. Darüber verging die Zeit, und als im Jahr 1818 die Occupationsarmee Frankreich verliess, zerschlug sich die Sache ganz, und es wurde nun französischerseits die oben erwähnte Längengradmessung zwischen Brest und Strasburg projectirt.

Der General v. Müffling, um sein Project nicht aufzugeben, liess dagegen aus den Dreiecksketten die geodätischen Linien Seeberg-Dünkirchen, Seeberg-Manheim und Manheim-Dünkirchen berechnen, und führte vermittelst dieses grossen geodätischen Dreiecks, in Verbindung mit den Polhöhen und Azimuthen, die an allen drei Punkten gemessen waren, selbstständig eine Längengradmessung**) aus. Er fand den Längenunterschied zwischen Seeberg und Dünkirchen

$$\text{in Bogen} = 8^\circ\ 21'\ 17'',68$$
$$\text{in Zeit} = 0^u\ 33'\ 25'',1\bar{}8$$

$$\text{Die Abplattung der Erde} = \frac{1}{315,2}$$

Gleichzeitig projektirte er auch die Fortsetzung dieser

*) Hertha, 7. Band, 1826, 1. Heft.

**) Astron. Nachr. No. 72. 1823.

Gradmessung bis an die Memel. Nach seinem Abgange als Chef des Generalstabes der Armee kam aber dies Project gänzlich in Vergessenheit und die späteren wissenschaftlichen Unternehmungen erhielten ihren Anstoss vom Auslande.*)

In England wurde eine Längengradmessung zwischen Greenwich und Valentia an der Westküste von Irland ausgeführt**) und gefunden, dass in der Breite von 51° 40′ der Bogen von einer Secunde in einem Kreise senkrecht auf den Meridian = 101,6499 Engl. Fuss oder = $15^T,89634$ lang sei. Dies giebt die Länge eines auf den Meridian senkrechten Grades = $57226^T,83$.

Die grösste aller Operationen, die bisher zur Bestimmung der Grösse und Figur der Erde ausgeführt wurden, ist aber die Längengradmessung, die W. Struve 1857 im Auftrage des russischen Gouvernements entworfen hat und zu deren Ausführung Preussen, Belgien, Frankreich und England bereitwilligst ihre Mitwirkung zugesagt haben. Sie wird etwa unter dem 52. Parallel von der Ostgrenze Europas bis zu dem Meridian von Valentia an der Westküste von Irland gehen und umfasst

in Russland etwa	39°
in Preussen etwa	12°
in Belgien etwa	5°
in England etwa	13°
in Summa	69° der Länge.

Die Dreiecksketten auf diesen ausgedehnten Linien sind bereits beendigt und grösstentheils auch in Verbindung gebracht oder es sind die Verbindungsarbeiten im Gange. Die astronomischen Längenunterschiede sollen vermittelst der elektrischen Telegraphen gemessen werden.

*) Gradmessung in Ostpreussen. — Die Verbindungen der preussischen und russischen Dreiecksketten.

**) Determination of the longitude of Valentia, by Airy.

§. 3.

Dimensionen der Erde aus den Gradmessungen.

Die Aufgabe, aus den Gradmessungen die Grösse und Figur der Erde herzuleiten, ist von vielen Gelehrten behandelt worden.

Delambre, Laplace, Legendre, v. Zach, v. Lindenau, Bohnenberger etc. etc. haben sich früher damit beschäftigt, allein die älteren Bestimmungen zeigten doch immer mehr oder weniger grosse Unterschiede. Die Abplattung variirte bei der Vergleichung der einzelnen Bögen zwischen $\frac{1}{270}$ und $\frac{1}{331}$, d. i. um etwa den fünften Theil des Ganzen. Mit der Verbesserung der Instrumente und der Vervollkommnung der Beobachtungsmethoden wurden aber diese Differenzen in immer engere und engere Grenzen eingeschlossen.

Es würde viel zu weit führen, in die älteren Details tiefer einzugehen, ich werde mich daher darauf beschränken, die bemerkenswerthesten Bestimmungen dieses Jahrhunderts hier näher anzuführen.

1. Die französische Commission des Poids et Mesures fand aus der Vergleichung der von Delambre und Mechain in Frankreich, und von Bouguer in Peru gemessenen Bögen

$$\text{die Abplattung } \alpha = \frac{1}{334}$$

den Quadranten ($\frac{1}{4}$ Meridian-Umkreis) $Q = 5130740^{\text{Tois.}}$

Später unterwarf Delambre sowohl die peruanische als auch die französische Messung einer strengen Revision (Base du Systême mètrique, Tom. III. p. 112) und nannte das Ergebniss die definitiven Werthe der Messungen. Aus diesen definitiven Werthen Delambre's erhielt

2. Puissant (Traité de Géodesie, Paris 1819)

$$\alpha = \frac{1}{309{,}6}$$

$$Q = 5131111^{\text{T}}{,}4$$

3. Walbeck (De forma et magnit. Telluris. Aboae

1819) fand aus 6 Gradmessungen (der peruanischen, den beiden ostindischen von Lambton, der französischen, der englischen von Mudge und der schwedischen von Svanberg), die er nach der Methode der kleinsten Quadrate behandelte,

$$\alpha = \frac{1}{302,78}$$

$$Q = 5130878^{T},4; \text{ ferner}$$

die halbe grosse Axe $a = 3271819^{T},5$

die halbe kleine Axe $b = 3261012^{T},8$.

4. Schmidt in Göttingen nahm 1829 zu den von Walbeck benutzten 6 noch die hannöverische Gradmessung hinzu und bestimmte in der Vorrede seines Lehrbuches der mathematischen und physischen Geographie

$$\alpha = \frac{1}{297,479}$$

$$Q = 5130779^{T},0$$

$$a = 3271852^{T},3$$

$$b = 3260853^{T},7$$

5. Bessel (1841. Astron. Nachr. No. 438) fügte den vorigen 7 noch 3, die preussische, die dänische und den Theil der russischen zwischen Belin und Hogland hinzu, so dass er 10 Gradmessungen benutzte, deren Ausdehnungen aus folgender Zusammenstellung ersichtlich sind:

No.	Name der Gradmessung.	Mittlere Breite des gemessenen Bogens.	Grösse des gemessenen Bogens.
1.	Die peruanische unter dem Aequator .	— 1° 31′	3° 7′
2.	Die kleine ostindische von Lambton von Trivan	+ 12 32	1 35
3.	Die grosse ostindische von Lambton .	+ 16 8	15 58
4.	Die französische von Formentera bis Dünkirchen	+ 44 51	12 22
5.	Die englische von Dunnose bis Clifton	+ 52 2	2 50
6.	Die hannöverische	+ 52 32	2 1
7.	Die dänische	+ 54 8	1 32
8	Die preussische	+ 54 58	1 30
9.	Die russische	+ 56 4	8 2
10.	Die schwedische von Svanberg . . .	+ 66 20	1 37
	Summe der gemessenen Meridianbögen . .		50° 34′

Der südlichste Punkt Tarqui liegt jenseit des Aequators unter — 3° 5′ Breite; der nördlichste Pahtawara unter 67° 9′.

Unter denselben Breiten, aber in verschiedenen Längen kommen mehrere Bögen doppelt vor, so dass sich folgende Lücken, wo keine Messungen stattgefunden haben, herausstellen.

1. Von 0° 2′ Breite bis 8° 9′
2. Von 24° 7′ Breite bis 38° 40′
3. Von 60° 5′ Breite bis 65° 31′

Bessel fand aus diesen 10 Gradmessungen, die er nach der Methode der kleinsten Quadrate behandelte,

$$\alpha = \frac{1}{299,1528}$$
$$Q = 5131179^{T},81$$
$$a = 3272077,^{T},14$$
$$b = 3261139^{T},33$$

und diese Bestimmung gilt noch immer für die beste. Encke hat im Jahrbuche von 1850 Tafeln darnach berechnet, welche die Grade der Breite nnd Länge und auch die Grade senkrecht auf den Meridian von 10 zu 10 Minuten, nebst den zugehörigen Krümmungsradien bis auf Tausendtheile der Toise geben und für jeden praktischen Gebrauch sehr bequem eingerichtet sind.

Seit Bessel's Bestimmung von 1841 bis jetzt sind drei der oben angeführten Gradmessungen beträchtlich erweitert worden und eine ist neu hinzu gekommen; nämlich

1) Die grosse ostindische ist von 15° 58′ durch Everest auf 21° 21′ von Punnoe (8° 10′) bis Kaliana (29° 31′) ausgedehnt und zählt 8 astronomisch bestimmte Punkte.

2) In England ist die kleine Gradmessung von Mudge nach Süden und Norden erweitert und reicht von St. Agnes (49° 54′) auf den Scilly Inseln, bis Saxavord (60° 50′) auf

den Shetlands Inseln, und umfasst einen Breitenunterschied von 10° 56′.

3) Die russische ist von 8° 2′ mit Einschluss der scandinavischen auf 25° 20′ erweitert, wo die Svanberg'sche mit 1° 37′ mit inbegriffen ist.

4) Neu hinzugekommen ist die Gradmessung von Maclear am Vorgebirge der guten Hoffnung, die 1848 beendigt wurde und eine Ausdehnung von 3° 35′ hat.

Die Summe der wirklich gemessenen Meridiangrade ist hierdurch um 32° 45′ vermehrt und beträgt gegenwärtig 83° 19′ oder 1249,75 geographische Meilen. Davon kommen

auf	Frankreich incl. der peruanischen	15°	29′
„	England mit Ostindien	37	27
„	Russland	20	31
„	Schweden und Norwegen . . .	4	49
„	Deutschland	3	31
„	Dänemark	1	32
		83°	19′

Die grosse russisch-scandinavische Gradmessung wird, von W. Struve herausgegeben, in Petersburg erscheinen. Zwei Bände sind bereits gedruckt. Die Beendigung des dritten und letzten wurde nur durch Struve's Erkrankung verzögert, es steht aber die Vollendung in Kurzem zu erwarten.

---

6. Airy hat in der Encyclopaedia Metropolitana (Art. Figure of the Earth. 1849) vierzehn Meridianbögen und vier Parallelbögen mit einander verglichen und gefunden

$$\alpha = \frac{1}{299,33}$$

$$a = 20923713 \text{ engl. Fuss.}$$

$$b = 20853810 \quad „ \quad „$$

Col. H. James giebt in Ordonance trigonometrical Survey of Great Britain and Ireland, p. 745, London 1858 an, dass 1 Toise = 6,39454378 engl. Fuss ist. Verwandelt man hiernach die englischen Fusse in Toisen, so ergiebt sich

$$a = 3272119^T,6$$
$$b = 3261188^T,4$$

7. In dem oben angeführten Werke Seite 720 hat Col. James die Elemente der Ellipse, welche der englischen Gradmessung am meisten entspricht, wie folgt bestimmt

$$\alpha = \frac{1}{280,4}$$

$$a = 20927005 \text{ engl. Fuss } = 3272634^T,8$$
$$b = 20852372 \quad „ \quad „ \quad = 3260962^T,9$$

8. In demselben Werke hat H. James die Figur der Erde unter zwei verschiedenen Gesichtspunkten untersucht.

1) Unter der Voraussetzung, dass der Krümmungsradius des Erdmeridians, wenn λ die Polhöhe bezeichnet, den allgemeinen Ausdruck habe

$$\varrho = A + 2B \cos 2\lambda + 2C \cos 4\lambda$$

in welchem die willkürlichen Constanten A, B und C aus den Gradmessungen zu bestimmen sind. Von den Werthen dieser Constanten hängt es dann ab, ob die Curve eine Ellipse wird oder nicht. James hat zu dieser Untersuchung benutzt:

1. den französisch-englischen Bogen von Formentera bis Saxavord	22°	10′
2. den russisch-scandinavischen von Ismael bis Fuglenaes	25	20
3. den grossen ostindischen von Punnae bis Kaliana	21	21
4. den kleinen ostindischen	1	35
5. den preussischen	1	30
6. den peruanischen	3	7
7. den hannöverischen	2	1
8. den dänischen	1	32
in Summa	78°	36′

wirklich gemessenen Meridiangrade. Hieraus fand er

$$\varrho = 20891449 - 107557 \cos 2\lambda + 1562 \cos 4\lambda$$

in englischen Fussen

$$\alpha = \frac{1}{291,86}$$

$$a = 20927197 \text{ engl. Fuss} = 3272604^{T},7$$
$$b = 20855493 \quad " \quad " = 3261451^{T},0.$$

2) Behandelte er dieselben Gradmessungen unter der Voraussetzung einer elliptischen Meridianform und erhielt

$$\varrho = 20890805 - 106673 \cos 2\lambda + 227 \cos 4\lambda$$

$$\alpha = \frac{1}{294,26} \text{*)}$$

$$a = 20926348 \text{ engl. Fuss} = 3272531^{T},6$$
$$b = 20855233 \quad " \quad " = 3261410^{T},2.$$

Aus der Vergleichung beider Resultate ergiebt sich schon eine Uebereinstimmung beider Formen, dieselbe lässt sich aber noch entschiedener aus der nachfolgenden, auf Seite 773 befindlichen Tabelle erkennen:

Gemeinschaftliche Grössen.	Meridianform.		Unterschied.
	Elliptisch.	Nicht elliptisch.	
a	20926348 ± 186	20927197 ± 385	849
b	20855233 ± 239	20855493 ± 257	260
$\frac{1}{2}\left(\frac{a+b}{a-b}\right)$	293,76 ± 1,06	291,36 ± 1,39	2,40
mittlerer Grad	364613,33 ± 3,00	364624,57 ± 5,36	11,24

Die Längenmaasse sind in englischen Fussen angegeben. Die mit ± bezeichneten Werthe sind die wahrscheinlichen Fehler. Vergleicht man dieselben in beiden Hypothesen, so stellt sich heraus, dass bei der elliptischen Form

*) Dieser Unterschied in der Abplattung gegen 5. und 6. oben rührt wahrscheinlich daher, dass James einige stark abweichende Breitenbestimmungen ausgeschlossen hat.

die wahrscheinlichen Fehler sämmtlich kleiner sind, als bei der nicht elliptischen; woraus denn folgt, dass die erstere Gestalt der Meridiane wahrscheinlicher ist als die letztere.

Jacobi hat zwar in Poggendorff's Ann. der Phys. und Chemie, Band XXXIII. 1834, nachgewiesen, dass auch ein dreiaxiges Ellipsoid bedingungsweise ins Gleichgewicht kommen kann; allein oben unter 5. und 6. haben Bessel und Airy, ersterer aus 10, dieser aus 18 Gradmessungen fast ganz gleiche Rotations-Ellipsoide erhalten.

Das Endresultat, welches aus den bisherigen Untersuchungen mit grosser Wahrscheinlichkeit gefolgert werden kann, lässt sich daher in dem Satz zusammenfassen:

Die allgemeine Figur der Erde entspricht einem Rotations-Ellipsoid, d. h. einem Körper, der erzeugt wird, wenn eine Ellipse sich um ihre kleine Axe dreht. Dies schliesst indessen nicht aus, dass sich, nach der Meinung von Laplace, Bessel und vieler anderer Gelehrten, hier und da lokale Abweichungen, wellen- oder mantelförmige Erhöhungen oder Vertiefungen, vorfinden können, wie dies zunächst in Grossbritanien und an einigen anderen Orten unzweifelhaft der Fall ist.

Man hat bisher diese Abweichungen durch Lokalattraction zu erklären gesucht, d. h. dadurch, dass hohe Bergmassen, in der Nähe der astronomischen Stationen, eine Ablenkung der Lothlinie bewirken, die in einem gewissen Verhältniss, ihrer über die allgemeine Oberfläche hervorragenden Masse, zu der ganzen Erdmasse steht; allein dieser Ansicht widerstreiten bis jetzt noch verschiedene Thatsachen: einmal zeigt der nördliche Endpunkt der grossen ostindischen Gradmessung am Fusse des Himalaya keine Ablenkung*) und dann kommen wieder sehr beträchtliche Ablenkungen sogar ganz in der Ebene vor. In dem französisch-englischen Bogen von Formentera bis Saxa-

*) Ordonance trig. Survey by Col. H. James, London 1858, p. 776.

vord zeigen nur zwei Punkte, Eveaux in Frankreich und Cowhythe in Schotland, erhebliche Abweichungen, ersterer von 7″,6, letzterer von 10″, weshalb James sie bei seinen Untersuchungen ausgeschlossen hat. Dagegen fand man aber in der Nähe von Turin, bei der Verification der Gradmessung von Beccaria *) zwischen Andrate und Mondovi,

die astron. Breitendifferenz = 1° 7′ 26″,98
die geodätische . . . . = 1° 8′ 14″,82

also den enormen Unterschied von . . . 47″,84 in der Breite.

Der gemessene Meridianbogen betrug $126394^{mt},6$, nach der astron. Bestimmung hätte er = 124907,1 sein müssen; er war also um $1487^{mt},5$ zu gross gefunden, wenn $\alpha = \frac{1}{308,65}$ und $a = 6376986^{mt}$ angenommen werden. Zwischen Parma und Mailand, die beide in der Ebene liegen, zeigte sich zwischen den astronomischen und geodätischen Breitenbestimmungen ein Unterschied von 20″,4. Die Frage nach der Ursache dieser Abweichungen kann daher noch keineswegs als erledigt angesehen werden.

Nach dem, was bis jetzt darüber bekannt ist, scheint das Pothal und die Alpen das ergiebigste Feld für solche Untersuchungen darzubieten.

Maassverhältnisse der Erde nach Bessel.

1. Meilen- und Gradmaasse.

Ein Grad des Aequators ist $= 57108^{T},519$ = 15 geographischen Meilen, daher 1 geogr. Meile $= 3807^{T},2346$. Eine Minute des Aequators oder 1 Seemeile $= 951^{T},80865$.

Der mittlere Grad des Meridians $= 57013^{T},109$.

*) Mesures d'un arc du Parallèle Moyen. Milan 1825.

2. Achsenverhältniss.

Aequator-Durchmesser	=	1718,8735	geograph. Meilen
Rotations-Axe . . .	=	1713,1276	„ „
Unterschied	=	5,7459	oder nahe gleich

5¾ geographischen Meilen.

3. Umfangsverhältniss.

Umfang im Aequator	=	5400,000	geograph. Meilen
„ „ Meridian	=	5390,978	„ „
Unterschied	=	9,022	geograph. Meilen.

4. Flächenverhältniss.

Die heisse Zone enthält . .	3679056,4	geogr. □Meilen.
Die beiden gemässigten Zonen	4808007,4	„ „
Die beiden kalten Zonen . .	774174,4	„ „
Die ganze Oberfläche der Erde	9261238,2	geogr. □Meilen.

Denkt man sich die ganze Oberfläche der Erde in 100 Theile getheilt, so kommen

auf die heisse Zone. . . .	40	Procent.
auf die beiden gemässigten .	52	„
auf die beiden kalten . . .	8	„

5. Körperlicher Inhalt.

Der körperliche Inhalt der Erde ist = 2650184445,1 geograph. Cubikmeilen, oder näherungsweise gleich 2650 Millionen Cubikmeilen.

---

§. 4.

Abplattung der Erde aus den Mondsgleichungen.

Unter den Mondsgleichungen versteht man die Präcession oder das Vorrücken der Nachtgleichen und die Nutation oder das von der Mondsbahn herrührende periodische Wanken der Erdaxe.

Um auf diesem Wege zu einer Bestimmung über die Figur der Erde zu gelangen, werden wir in die eigentliche Astronomie geführt, d. h. in das Gebiet derjenigen Theorie, welche alle bekannten Erscheinungen des Weltsystems auf das grosse von Newton entdeckte Gesetz der allgemeinen Schwere (Gravitation) zurückführt. Diese Theorie umfasst alle Resultate der allgemeinen Schwere über das Gleichgewicht und über die Bewegungen der festen und flüssigen Körper, die unser Sonnensystem bilden, und die ähnliche in dem unermesslichen Raum des Himmels verbreitete Systeme bilden mögen.

Laplace hat zu Anfang dieses Jahrhunderts die vereinzelten Arbeiten über diesen Gegenstand von allen grossen Geometern seit Newton gesammelt, vervollständigt, durch sehr viele eigene Untersuchungen erweitert und diesem seinem unsterblichen Werke den Titel: Mechanik des Himmels, Mécanique céleste, gegeben.

Aus den Untersuchungen im 5. und 11. Buche über die Bewegungen des Mondes und die Rotationsdauer der Erde ergiebt sich, dass keine Präcession und Nutation stattfinden könne, wenn die Erde eine vollkommene Kugel wäre. Diese Erscheinungen sind daher eine Folge ihrer ellipsoidischen Gestalt, und nun wird rückwärts aus diesen am Himmel beobachteten Erscheinungen die Ellipticität der Erde gefunden.

Im 7. Buche sind beide Ungleichheiten in der Bewegung des Mondes jede für sich behandelt. Mehrere Tausend Mondsbeobachtungen, die seit Bradley gemacht worden waren, wurden von Bouvard, Bürg und Burckhardt berechnet.

Die eine Ungleichheit gab die Abplattung $\frac{1}{305,05}$, die andere $\frac{1}{304,60}$. In runder Zahl im Mittel $\frac{1}{305}$.

Unter den vielen Fragen nach den Bewegungen in unserem Sonnensystem, die in der Mechanik des Himmels beantwortet werden, giebt es vorzugsweise zwei, die hier nicht übergangen werden dürfen, weil sie mit den Gradmessungen in Verbindung stehen, nämlich

1) Bleibt die Lage der Erdaxe und damit die Polhöhe eines Ortes unverändert, oder verändert sie sich mit der Zeit?
2) Ist die Zeit einer Umdrehung der Erde um ihre Axe immer gleich gross gewesen, oder hat sie sich geändert?

Die erste Frage wird im 11. Buche behandelt und gezeigt, dass seit der Zeit, wo die Instrumente durch die Anwendung der Fernröhre so vervollkommnet wurden, dass man zuverlässige Beobachtungen machen konnte, sich aus diesen keine Veränderlichkeit der terrestrischen Breiten auffinden lässt. Dasselbe gilt bei der grossen Vervollkommnung der Instrumente noch heute, wenigstens hat bis jetzt noch keine Veränderung der Polhöhe eines Ortes nachgewiesen werden können. Wir sind daher vorläufig noch zu der Annahme berechtigt, dass die Lage der Erdaxe unveränderlich sei, d. h. seitdem die äussere Schale der Erde fest ist, muss ihre Axe stets durch dieselben Punkte der Oberfläche gegangen sein, durch die sie gegenwärtig noch geht.

Hinsichtlich der zweiten Frage wird im 5. Buche bewiesen, dass die Aenderung der Rotationsdauer der Erde im Allgemeinen so unmerklich sei, dass man diese Bewegung als gleichförmig ansehen könne. Da man aber annimmt, dass die feste Erdrinde durch Abkühlung entstanden sei; eine Verminderung der Temperatur aber nothwendig die Rotationsgeschwindigkeit vermehren muss, so wird im 11. Buche gezeigt, dass eine Temperatur-Verminderung der Erde um einen Centigrad, die Dauer des Tages, oder die einer Umdrehung, noch nicht um $\frac{1}{100}$ Secunde vergrössert.

Hierauf wird aus den synodischen Umläufen des Mondes und ihrer Vergleichung mit den Beobachtungen der Alten nachgewiesen, dass die Dauer des Tages sich seit Hipparch noch nicht um $\frac{1}{100}$ Secunde verändert habe, und aus dieser Thatsache der Schluss gezogen, dass die Temperatur der Erde sich in den letzten 2000 Jahren noch nicht um einen Centigrad vermindert haben kann.

§. 5.

Abplattung der Erde aus Pendelbeobachtungen.

Schwere nennt man diejenige Kraft, mit welcher die Erde die Körper anzieht. Die Richtung, in welcher die Gesammtanziehung der Erde wirkt, bestimmt sich durch die Lothlinie, die man erhält, wenn ein schwerer Körper an einem Faden aufgehängt wird (Pendel). Versetzt man ein Pendel in Schwingungen, so ist die Anzahl derselben in einem gegebenen Zeitintervall (Sterntag) stets gleich, so lange die darauf wirkende Kraft (Schwere) dieselbe bleibt. Wird die Schwerkraft stärker, so schwingt es lebhafter oder schneller, wird sie geringer, so schwingt es langsamer. Wäre die Erde eine ruhende Kugel, so würde ein und dasselbe Pendel an allen Punkten der Erde in gleichen Zeiten stets die gleiche Anzahl Schwingungen machen. Rotirt aber diese Kugel um eine Axe, so wird die Schwere um die Schwungkraft vermindert und bleibt nur im Pol, wo die Schwungkraft Null ist, unverändert. Dasselbe Pendel wird also auf jedem Punkt der rotirenden Erde vom Pol nach dem Aequator hin, in gleichen Zeitabschnitten immer weniger Schwingungen und unter dem Aequator selbst die wenigsten machen, weil dort der Abstand von der Drehungsaxe und damit die Schwungkraft am grössten ist. Da hier der Abstand von der Drehungsaxe die Ursache der verminderten Schwingungszahl ist, so kann man auch umgekehrt aus der beobachteten Verminderung der Schwingungszahl auf den Abstand von der Drehungsaxe schliessen. Hat man nun in verschiedenen Breiten die Polhöhen und die Pendelschwingungen beobachtet, so erhält man aus den Polhöhen die Abstände vom Aequator, aus den Pendelschwingungen die Abstände von der Drehungsaxe und kann die Meridiancurve eben so gut wie aus den Breitengradmessungen construiren. Wird diese Meridiancurve eine Ellipse, so giebt der Unterschied der beiden Axen die Abplattung. Auf diese Weise kann man sich eine Vorstellung davon machen, wie durch Pendelschwingungen die Abplattung der Erde gefunden werden kann.

Picard (Mesure de la Terre. Paris 1671) war der erste, der die Ansicht aussprach, dass die Pendel unter geringeren Breiten langsamer schwingen müssten. Zur Prüfung dieser Ansicht erhielt Richer zu Cayenne den Auftrag, Beobachtungen darüber anzustellen und fand sogleich die Muthmassung Picard's bestätigt. Die ersten Pendelbeobachtungen, die man zur Bestimmung der Figur der Erde benutzte, sind aber erst viel später von Bouguer bei Gelegenheit der Peruanischen Gradmessung angestellt worden.

Laplace behandelte auch in der Mécanique céleste die Theorie des Pendels, bestimmte dann im 5. Kapitel des 3. Buches, aus 15 unter sehr verschiedenen Breiten vom Aequator bis zum Polarkreise beobachteten Pendellängen, die wahrscheinlichste Ellipse, welche aus diesen Messungen folgt, und fand auf diese Weise die Abplattung $= \frac{1}{335,78}$.

Die Uebereinstimmung dieses Resultates mit der Abplattung, welche oben die Commission des Poids et Mesures aus den Gradmessungen erhalten hatte, war so überraschend, dass man eine Zeit lang glaubte, die Aufgabe hinsichtlich der Figur der Erde sei vollständig gelöst. Als aber später neue und genauere Gradmessungen hinzu kamen, zeigten sich beträchtliche Abweichungen. Bei näherer Prüfung erkannte man auch die Mangelhaftigkeit der alten Pendellängen und überzeugte sich, dass die obige Uebereinstimmung nur zufällig war und dass man sich von der eigentlichen Lösung des Problems noch sehr fern befinde. Dies entmuthigte indessen nicht, und Frankreich, welches in den Gradmessungen mit einem so grossen Aufwande von Kräften und Mitteln vorangegangen war, stellte sich auch hier wieder an die Spitze und regte England zum Nachfolgen an.

Auf Veranlassung der Pariser Akademie wurden La Peyrouse bei seinen Entdeckungsreisen unveränderliche Pendel-Apparate mitgegeben, die aber durch das Verunglücken der Expedition keine Ausbeute lieferten.

Darauf fingen 1807 Biot, Arago, Chaix, Mathieu und Bouvard an, die Pendellängen an den 6 Hauptstationen der französischen Gradmessung (Formentera, Figeac, Bordeaux, Clermont, Paris und Dünkirchen) zu bestimmen.

Mathieu*) behandelte dieselben nach der Methode der kleinsten Quadrate und fand die Abplattung $= \frac{1}{298,2}$.

Später dehnte Biot die Messung der Pendellängen, die bis 1817 dauerten, auch auf Fort Leith und die Insel Unst in England aus und fand aus der südlichsten Beobachtung auf Formentera und der nördlichsten auf Unst, die 21° 4′ Breitenunterschied haben, die Abplattung $= \frac{1}{304}$.

Diese Anstrengungen der französischen Gelehrten bewogen nun auch die Engländer, eigene Beobachtungen zu machen, mit denen 1816 Capitain Kater auf Befehl des damaligen Prinz-Regenten beauftragt wurde. Kater bestimmte zuerst die absolute Länge des Secundenpendels für London und dann die Pendellängen auf den 7 Hauptstationen der

*) Puissant, Géodésie, Tom. II. p. 342.

grossen englischen Gradmessung zwischen Dunnose (50° 37′ Breite) und Unst (60° 45′ Breite). Aus der Vergleichung je zweier Beobachtungen fand er Abplattungen, die zwischen $\frac{1}{230}$ und $\frac{1}{598}$ schwankten, im Mittel aber $\frac{1}{334}$ betrugen. Die Ursache dieser Abweichungen glaubte er in Localanziehungen benachbarter Bergmassen suchen zu müssen und verglich nun die drei Stationen Arbury-Hill, Portsoy und Unst, welche einen ähnlichen geognostischen Charakter hatten, und fand die Abplattungen $\frac{1}{304}$ und $\frac{1}{310}$.

Wenn das Pendel durch Localanziehungen (Bergmassen in der Nähe) in seinem Gange gestört wird, so leuchtet es ein, dass Pendelversuche in geringen Entfernungen von einander angestellt, keinen genügenden Aufschluss über die Abplattung geben können. Diese Ansicht theilten die Gelehrten diesseits und jenseits des Canals und einigten sich daher leicht in der Meinung, dass nur Beobachtungen an entfernten Gegenden der Erde zum Ziele führen könnten. Beide Nationen rüsteten sich nun zu ausgedehnteren Unternehmungen. Die Franzosen richteten ihr Augenmerk vorzugsweise auf die südliche Halbkugel und bei den Entdekkungsreisen von Freycinet und Duperrey wurde es diesen zur Hauptaufgabe gemacht, Pendelbeobachtungen in der südlichen Hemisphäre anzustellen.

Die Engländer ihrerseits entsendeten 1822 auf einem eigens dazu ausgerüsteten Kriegsschiffe den Capt. Sabine nach dem Aequator, um dort die Länge des einfachen Secundenpendels zu bestimmen, und als er von dort zurückgekehrt war, ging er sogleich auf einem der Schiffe, die zu Parry's Nordpol-Expedition ausgerüstet waren, wieder unter Segel, um die Pendelbeobachtungen an den Küsten von Norwegen, Grönland und Spitzbergen fortzusetzen.

Sabine*) hatte in Brassa, Hare-Island und Melville beobachtet und fand, verglichen mit London, aus

*) An account of experiments to determine the times of Vibrations of the pendulum in different latitudes by Ed. Sabine. 1825.

London-Brassa die Abpl. $\frac{1}{314,3}$

London-Hare-Island die Abpl. $\frac{1}{314,2}$

Brassa-Hare-Island die Abpl. $\frac{1}{313,6}$

London-Melville die Abpl. $\frac{1}{312,6}$

Capt. Frevcinet*) hatte in Rio de Janeiro, am Cap der guten Hoffnung, zu Isle de France, auf den Inseln Rawak, Guam, Mowi, zu Port-Jakson und auf den Malvinen beobachtet und fand, indem er seine Beobachtungen in Verbindung mit Paris nach der Methode der kleinsten Quadrate behandelte, die Abplattung $= \frac{1}{276,6}$. Locale Anziehungen schienen sich auf Isle de France, Guam und Movi herauszustellen. Wurden diese drei Bestimmnngen fortgelassen, so ergab sich die Abplattung der südlichen Halbkugel $= \frac{1}{286,2}$.

Admiral Lütke fand zu Petropawlowsk und Novo-Archangelsk ebenfalls bedeutende Abweichungen in den Pendellängen, die auf lokale Anziehungen zu deuten scheinen und eine Abplattung von $\frac{1}{267}$ ergaben.

Sabine stellte später seine vorzüglichsten Beobachtungen der Pendellängen, welche er bei den wissenschaftlichen Expeditionen Englands erhalten hatte, 13 an der Zahl, zusammen, und nachdem die gebrauchten Pendel 1823 und 1824 mit dem Normal-Pendel in London verglichen waren, behandelte er diese Beobachtungen, die sich von 13° südl. Breite bis 80° nördl. Breite erstrecken, nach der Methode der kleinsten Quadrate und fand die Abplattung $= \frac{1}{288,3}$.

Vergleicht man dies Resultat mit dem vorhergehenden,

*) Voyage autour du Monde. Paris 1826.

so findet man eine so nahe Uebereinstimmung, dass man sagen kann: durch die Pendelbeobachtungen ist der Beweis geführt worden, dass beide Halbkugeln im Allgemeinen eine gleiche Abplattung haben.

Hiermit war die, seit der Mitte des vorigen Jahrhunderts, durch La Caille's Gradmessung am Cap aufgetauchte Vermuthung, dass beide Halbkugeln verschiedene Abplattungen hätten, vollständig widerlegt.

Neben diesem allgemeinen Resultat stellte es sich aber eben so bestimmt, wie bei den Breitengradmessungen heraus, dass an einzelnen Punkten in beiden Hemisphären Abweichungen vorkamen, die nicht zu einem regelmässigen Rotations-Sphäroid passen. Hierdurch wird die Ansicht von Laplace bestätigt, dass die wahre Figur der Erde ein Rotations-Sphäroid mit kleinen Aus- und Einbiegungen, oder wie Bessel sich ausdrückt, mit wellenartigen Erhöhungen und Vertiefungen sei.

Indem Sabine zu seinen eigenen Beobachtungen nun noch die der französischen Gelehrten zwischen Formentera und Dünkirchen und die des Capt. Kater zwischen Dunnose und Unst hinzufügte und diese 25 Beobachtungen nach der Methode der kleinsten Quadrate behandelte, fand er die Abplattung $= \frac{1}{288{,}9}$; also mit der vorigen sehr nahe übereinstimmend und auch sehr nahe $= \frac{1}{289}$, welches das Verhältniss der Schwungkraft zur Schwere unter dem Aequator ist.

Sabine hat auf seine Untersuchungen die grösste Sorgfalt verwendet und die zahlreichen Beobachtungen, welche er benutzte, gehören zu den besten, die gemacht worden sind; man wird daher das obige Ergebniss gewissermassen als ein definitives Resultat der Pendelmessungen ansehen können.

Der mathematische Ausdruck für die Länge des Secundenpendels l in der Breite φ, wenn L diese Länge unter 45° Breite bedeutet, ist

$$l = L\,(1 - 0{,}00266 \cos 2\varphi).$$

Nach Bessel's*) Bestimmungen ist die Länge des einfachen Secundenpendels für die Königsberger Sternwarte (also für $\varphi = 54^\circ\ 42'\ 50'',50$) und im Niveau des Meeres

$$l = 440{,}8179 \text{ Par. Linien.}$$

Für Berlin**) ($\varphi = 52^\circ\ 30'\ 16'',0$) und im Niveau des Meeres

$$l = 440{,}739 \text{ Par. Linien.}$$

Vergleicht man dies Resultat mit dem, welches Bessel und Airy oben aus den Breitengradmessungen gefunden haben, so wird man annehmen können, dass die Ellipticität der Erde durch die bisherigen Anstrengungen zwischen die Grenzen $\frac{1}{289}$ und $\frac{1}{299}$ eingeschlossen sei. Das erste Verhältniss ist das der Schwungkraft zur Schwere unter dem Aequator; das zweite ist das factische Ergebniss aus den bisherigen Gradmessungen. Das letztere ist aber nicht ganz frei von Unregelmässigkeiten in der Figur der Erde. Man darf daher der Hoffnung Raum geben, dass auch die Gradmessungen, wenn man erst gelernt haben wird, die Abweichungen zu erkennen und von der regelmässigen Figur zu trennen, ebenfalls auf das Verhältniss $\frac{1}{289}$ führen können, wozu die im §. 3. unter 8. neuerdings von H. James gefundenen Resultate schon eine grosse Annäherung geben. Damit wäre die Ellipticität der Erde auf ein festes Princip der Mechanik zurückgeführt und die grosse Aufgabe gelöst, die bereits das classische Alterthum angeregt hat und an der die gebildeten Nationen der neueren Zeit seit länger als drei Jahrhunderten gearbeitet haben. — Man könnte dann mit Sicherheit durch Beobachtungen und Messungen

*) Untersuchungen über die Länge des einfachen Secundenpendels. Berlin 1828. Seite 56.

**) Bestimmung der Länge des einfachen Secundenpendels für Berlin. Berlin 1837. Seite 29.

die Ablenkungen der Lothlinie an jedem Punkte der Erde finden und die Unregelmässigkeiten der Figur bestimmen. Dies hätte aber nicht blos ein hohes wissenschaftliches Interesse für das geologische Studium über den Bau der Erde, sondern es könnte sogar zu den wichtigsten praktischen Resultaten führen, wenn die Ablenkungen der Lothlinie dichtere Massen (Metalle) im Innern der Erde erkennen liessen.

Zweiter Abschnitt.

Uebersicht der Resultate, welche sich in wissenschaftlicher und in praktischer Beziehung aus den Gradmessungen entwickelt haben und sich in nächster Zukunft noch daraus entwickeln können.

§. 6.

Allmälige Entwickelung der Messkunde.

Um die Fortschritte und Ergebnisse der Gradmessungen im Zusammenhange übersehen zu können, wollen wir sie nach ihrer historischen Entwickelung darzustellen suchen.

Das Bedürfniss, von den Entfernungen eine bestimmte, praktisch nutzbare Vorstellung zu bekommen, ist uralt, und das Mittel, um diesem Bedürfniss abzuhelfen, lag auf der Hand: man rechnete nach Tagereisen und Karawanen-Stunden, d. h. nach den Entfernungen, welche die Kameele auf den Reisen durchschnittlich in einem Tage oder in einer Stunde zurücklegten.

Für uncultivirte Horden würde dies völlig ausgereicht haben, allein die intelligenten Völker des Alterthums fühlten schon das Bedürfniss, ihrem Wegmaasse bestimmtere Einheiten zum Grunde zu legen. So rechneten die Chaldäer 4000 Schritte eines Kameels auf eine Meile; die Griechen nahmen die Länge der Rennbahn von Olympia als

Einheit an, die sie Stadion nannten und bestimmten die Karawanen-Stunden nach Stadien. Dass bei ihren Gradmessungen directe Messungen stattgefunden haben, ist nicht wahrscheinlich; das eigentliche Mittel, die Länge der Erdbögen zu bestimmen, waren wohl nur die Angaben der Karawanen oder die Tagereisen der Schiffer.

Die Gradmessung der Araber unter dem Kalifen Almamum, der selbst ein Gelehrter war, bekundete hiergegen schon einen Fortschritt; denn Almamum liess von einem Punkt aus einen Grad in der Richtung nach Norden; einen anderen Grad in der Richtung nach Süden mit Stäben messen; leider aber ist die Länge der Stäbe, oder vielmehr die Einheit, nach der sie bestimmt wurden, die sogenannte schwarze Elle, verloren gegangen.

Bei der ersten Gradmessung der Neuzeit, 1525, bestimmte Fernel die Länge des Erdbogens durch die Anzahl der Umgänge seiner Wagenräder. Bei späteren Gradmessungen bediente man sich der Messkette. Die grösste Genauigkeit, welche sich hierbei erreichen liess, betrug etwa $\frac{1}{500}$ der Länge.

Hiermit waren die Mittel der directen Messung der Entfernungen gewissermassen erschöpft und man würde wahrscheinlich nicht viel weiter gekommen sein, wenn nicht zu Anfang des 17ten Jahrhunderts (1615) Snellius die Triangulation erfunden hätte, d. h. diejenige wissenschaftliche Methode, um in einer ausgedehnten Dreieckskette, aus einer einzigen gegebenen Seite alle übrigen Seiten durch Winkelmessungen und Rechnung zu finden.

Durch diese Erfindung war für die Messoperationen ein ganz neuer Weg angebahnt und es wurden mit einem Male zwei mächtige Hebel, die Technik und die Wissenschaft, dabei in Bewegung gesetzt, die bis dahin keinen eigentlichen Angriffspunkt gefunden hatten. So viel war klar, dass jede Verbesserung der Winkelmessung immer genauere Resultate liefern musste, wenn die Rechnung so scharf geführt werden konnte, dass nichts eingebüsst wurde. Bei genauen Winkelmessungen muss also das Endresultat abhängig sein von der Genauigkeit, mit der die Grundlinie gemessen werden kann.

Gegenwärtig haben Technik und Wissenschaft bereits drittehalb Hundert Jahre im rüstigsten Wettstreit an der Vervollkommnung der Erfindung des Snellius gearbeitet. Es hat öfter die eine die andere überholt, aber keine ist gegen die andere lange zurückgeblieben. Das Resultat ihrer Anstrengungen werden wir weiter unten kennen lernen.

Wir kehren jetzt zu der Beschreibung der Werkzeuge zurück, deren man sich zu Anfang des 17ten Jahrhunderts zum Messen der Winkel bediente.

Die ältesten Winkelinstrumente waren:

1) der Viertelkreis, Quadrant, mit Diopteru versehen.
2) Ein Rectangel von Messing, Universalinstrument genannt, das von der Mitte der langen Seite aus in Grade, längs der langen Seite in gleiche Theile getheilt und mit Alhidade und Diopteru versehen war.
3) Ein Quadrat von Messing mit einer Alhidade und Dioptern in der einen Ecke. Die dieser Ecke gegenüberstehenden Seiten waren der Zahl und Grösse nach in gleiche Theile getheilt.
4) Eine Boussole mit Dioptern versehen.
5) Ein getheilter Halbkreis mit Alhidade von etwa einem Fuss Durchmesser (Graphomètre).
6) Derselbe Halbkreis in der Mitte mit einer Boussole versehen.

Die Seefahrer bedienten sich, um Sonnen- und Sternhöhen zu messen, des Jakobsstabes (Arbalête) oder des Astrolabiums.*)

Der Jakobsstab bestand aus einem langen Stabe, auf dem ein kleinerer rechtwinklich befestigt und getheilt war.

*) Die Erfindung des Astrolabion gehört ursprünglich dem Hipparch. Humboldt im Kosmos Bd. II. Seite 297.

An dem langen Stabe befand sich ein verschiebbares Diopter.

Das Astrolabium der Seefahrer bestand aus 3 concentrischen Kreisen, von denen der eine in 360 Grade, der andere in 365 Tage und der dritte in die zwölf Zeichen des Thierkreises à 30 Grad getheilt waren. Das Ganze wurde an einem Ringe aufgehängt und mit den Dioptern der Alhidade entweder der Strahl der Sonne aufgefangen oder nach einem Sterne hinvisirt.

Die Astronomen gebrauchten Quadranten und Sektoren. Der Mauer-Quadrant war schon von Tycho eingeführt worden. Die Mängel des Absehens und der Theilung suchte man durch die Grösse der Dimensionen zu beseitigen. Es gab Quadranten und Sektoren von 6 bis 9 Fuss Halbmesser und darüber. Wilhelm Bleau in Amsterdam, ein Schüler Tycho's, soll sogar einen Sektor von 14 Fuss Halbmesser gebraucht haben.

Diese Dimensionen sind aber noch klein gegen die Instrumente der arabischen Astronomen,*) die Quadranten von 180 Fuss Radius hatten, auf deren eingetheilten Bogen das Sonnenlicht, durch eine kleine runde Oeffnung im Centrum, fiel.

Dem ersten Bedürfniss, um auf der Haupttheilung dieser Instrumente auch jede dazwischen fallende Richtung ablesen zu können, hatte der Portugiese Nunnez, der sich lateinisch Nonius nannte, schon 1542 durch ein sinnreiches Mittel abgeholfen, welches darin bestand, dass er auf dem Rande der Quadranten mehrere concentrische Kreise zog, von denen er den äussersten in 90, den folgenden in 89 u. s. w. gleiche Theile theilte, so dass der Unterschied der inneren und äusseren Theilung nach Art der Transversalen die Unterabtheilungen gab. Unser heutiger Nonius aber, der in einem neben der Hauptscala hin und her be-

*) Humboldt im Kosmos Bd. III. Seite 117.

weglichen Theil besteht, wurde erst 1631 von einem Geometer aus der Franche-Comté, Petrus Vernerius*) erfunden und nach ihm Vernier genannt. Da beide Vorrichtungen denselben Zweck haben, so hat man auch der letzteren den Namen Nonius beigelegt und derselbe hat den seines eigentlichen Erfinders fast gänzlich verdrängt.

Obgleich die Erfindung des Fernrohrs schon in das Jahr 1608 fällt und dem Brillenmacher Lippershey**) in Middelburg und Jacob Adriaansz mit dem Beinamen Metius zugeschrieben wird, so giebt doch von einer Anbringung desselben an den Winkelinstrumenten zuerst Morin Nachricht (Scientia longitudinum 1634). Mit dem Fernrohr konnte man nun zwar deutlicher sehen, aber keine Richtung so fixiren, dass man sie mit Sicherheit wiederfinden konnte. Diesem Uebelstande abzuhelfen, war im Jahr 1640 einem Engländer Gascoigne***) dadurch gelungen, dass er im Brennpunkt seines Fernrohrs feine Spinnfäden ausspannte und sie bei Nacht durch eine Lampe erleuchtete. Von diesem talentvollen jungen Manne hätte die Wissenschaft noch viel zu erwarten gehabt, wenn ihn nicht ein allzu früher Tod hinweggerafft hätte. Er blieb in seinem 23. Jahre in der Schlacht bei Marston-Moore, die Cromwell den Königlichen Truppen lieferte.

Die Idee des Snellius, die direkten Messungen durch die viel leichtere Triangulation zu ersetzen, fand bei den Männern der Wissenschaft schnell Eingang und der oben erwähnte Wilhelm Bleau, welcher 1638 starb, soll schon das ganze Ufer zwischen Maas und Texel in dieser Weise vermessen haben. Die Kaste der Feldmesser konnte da-

*) Kästner glaubte den Namen Vernier auf den deutschen Namen Werner zurückführen zu können.

**) Humboldt im Kosmos Bd. II. Seite 355.

***) Bohnenberger (Geographische Ortsbestimmungen) nennt Huygens als den ersten, der Fäden im Brennpunkt der Fernröhre angebracht habe, aber ohne nachzuweisen, dass dies vor 1640 geschehen wäre.

mals aus leicht begreiflichen Gründen auf die neue Methode nicht eingehen und so entstand eine Trennung in niedere und höhere Messkunde. Was damals eine Nothwendigkeit war, ist aber heute, wo die höhere Messkunde alle Aufgaben der niederen schneller, genauer und wohlfeiler zu lösen vermag, nur noch eine in langer Gewohnheit wurzelnde Unbeholfenheit.

Das Vielversprechende der neuen Methode regte nach allen Richtungen an. Die Technik liess nichts unbenutzt, was zu ihrer Förderung dienen konnte, und 25 Jahre nach der Erfindung waren schon die wichtigsten Attribute eines guten Winkelmessers, der Nonius und das Fernrohr mit Fadenkreuz, der Benutzung zugänglich. Die Wissenschaft blieb ebenfalls nicht zurück. Zunächst erkannte man, dass die ebene Trigonometrie nicht ausreiche, um auf der sphärischen Erde zu messen, und dass die sphärische Trigonometrie angewendet werden müsse. Dann hatte der Engländer Neper (Napier), geb. 1550, gest. 1617, die natürlichen Logarithmen, ein anderer Engländer Briggs 1614 die nach ihm benannten Brigg'schen Logarithmen erfunden, welches Veranlassung gab, logarithmische Tafeln zu konstruiren, durch welche die alte mühsame Berechnung der Dreiecke ganz ausserordentlich vereinfacht wurde.

1667 versahen Picard und Auzout auch den Mauerquadranten mit einem Fernrohr, und Olaus Römer, ein Däne und Zeitgenosse Picard's, führte das Passagen-Instrument ein und gab den ganzen Kreisen den Vorzug vor den Quadranten.

Auch die Instrumente zum Zeitmessen waren ausserordentlich verbessert worden und aus Huygen's Meisterhand waren 1656 schon vollkommene Pendeluhren hervorgegangen. Die arabischen Astronomen*) in der Glanzperiode der Abbassidischen Chalifen am Ende des 10ten Jahrhunderts und namentlich Ebn-Junis, hatten sich zuerst der Pendel-

*) Humboldt im Kosmos Bd. IV. Seite 25.

schwingungen zu Zeitbestimmungen bedient. In Europa wurde erst 600 Jahre später das Pendel von Galilei und dem Pater Riccioli zu Bologna neu entdeckt. Zur Regulirung des Ganges der Uhren benutzte es zuerst in einem unvollkommenen Versuche Sanctorius zu Padua 1612.

Als Picard 1669 seine Gradmessung anfing, waren seine Instrumente schon mit Fernrohr und Fadenkreuz versehen. Zum Ablesen der Winkel dienten Mikrometer, wie sie Picard und Auzout schon 1666 zuerst angegeben hatten. Sein terrestrischer Quadrant zum Winkelmessen war das erste Instrument mit diesen Einrichtungen, welches in Frankreich in Gebrauch kam.

Die Resultate seiner Messung waren so günstig ausgefallen, dass 11 Jahre später die grössere Gradmessung und Landesvermessung unter Cassini unternommen wurde, bei der dieselben Instrumente, d. h. zur Bestimmung der Polhöhen Sektoren, zum Winkelmessen Quadranten in Anwendung kamen.

Dieselben Instrumente, wenn auch vielleicht in einer vollkommeneren technischen Ausführung, waren auch noch bei den grossen Expeditionen nach Peru und Lappland im Gebrauch. Die Dreieckskette in Peru wurde mit 4 Quadranten gemessen. Der Quadrant der spanischen Offiziere hatte 24 Zoll; Godin's 21 Zoll; Bouguer's 30 Zoll und der von Condamine sogar 36 Zoll Halbmesser. Diese Quadranten hatten doppelte Winkelablesungen, einmal nach Transversalen und dann vermittelst der Mikrometer. Es scheint hiernach, dass der Gebrauch des Nonius damals noch wenig oder gar keinen Eingang gefunden hatte. Die Polhöhen wurden in Peru mit Zenith-Sektoren von 12 Fuss Radius gemessen. Die Fehler in der Summe der drei Winkel der Dreiecke gehen bis 12 Secunden. Der Fehler bei den berechneten Entfernungen betrug etwa $\frac{1}{8000}$; die Genauigkeit der Messung war also schon zehn Mal grösser als 100 Jahre früher.

Diese Fortschritte in der Winkelmessung führten nun nothwendig auch auf eine genauere Messung der Grundlinie. Man kannte wohl damals schon die Ausdehnung der Metalle durch die Wärme und die des Holzes durch die Feuchtigkeit, allein die Mittel, um so kleine Grössen zu messen, waren noch höchst unvollkommen, und die Idee, eine gemessene Grundlinie auf eine bestimmte Temperatur der Messstäbe, d. h. auf eine Normallänge derselben zu reduciren, war zur Zeit der peruanischen Gradmessung noch nicht mit der Klarheit entwickelt, um die praktische Ausführbarkeit zu ermöglichen oder für die Zukunft zu sichern. Die Grundlinien wurden mit Holzstäben gemessen, die zwar öfter mit eisernen Maassstäben, die von der aus Frankreich mitgebrachten Toise abgenommen waren, verglichen wurden, allein die Temperaturen dieser Maassstäbe bei den Vergleichungen waren eben so unvollständig bestimmt, wie die Werthe ihrer Ausdehnungen unsicher waren. Um diesen Uebelstand auf die mindest nachtheilige Weise zu beseitigen, hatte Condamine aus den Thermometerbeobachtungen die mittlere Temperatur während der Arbeitszeit für die Basis von Yaraqui gleich 10½° R.; für die Basis von Tarqui gleich 16½° R. gefunden und. bestimmte nun in runder Summe die mittlere Temperatur der Messung beider Grundlinien zu 13° Reaumur. Dies war aber zugleich dieselbe Temperatur, bei der Godin 1735 die für die Expedition bestimmte Copie in Paris von der Toise du Châtelet abgenommen hatte. Hieraus folgte, dass die mittlere Länge der gemessenen Grundlinien die aus Frankreich mitgebrachte Toise bei einer Temperatur von 13° Reaumur zur Einheit habe. Dies war der Grund, warum die Normallänge der Toise du Pérou bei 13° Reaumur festgesetzt wurde.

Für Diejenigen, welche sich für den Ursprung dieser Toise interessiren, will ich aus La Condamine's: Mesure des trois premiers Degrés du Méridien dans l'hémisphère austral, Paris 1751, die betreffende Stelle wörtlich anführen:

Nous avions emporté avec nous 1735, une règle de fer poli, de dix-sept lignes de largeur sur quatre lignes et demie d'épaisseur. M. Godin, aidé d'un artiste habile, avait mis toute son attention à ajuster la longueur de cette règle sur celle de la Toise étalon, qui a été fixé en 1668 au pied de l'escalier du grand Châtelet de Paris. Je prévis que cet ancien étalon, fait assez grossièrement, et d'ailleurs exposé aux chocs, aux injures de l'air, à la rouille, au contact de toutes les mesures qui y sont présentées, et à la malignité de tout mal-intentionné, ne serait guère propre à vérifier dans la suite la Toise qui allait servir à la mesure de la Terre......

Hieraus geht zugleich hervor, warum die Toise du Pérou von nun an als Normalmaass für Frankreich angenommen wurde.

Seitdem ist diese Toise das Grundmaass für alle europäischen Maassbestimmungen geworden und wenn man einmal die Zeit und die Mühe, welche nicht blos im Verkehr, sondern auch in den Wissenschaften und fast in allen Lebensverhältnissen durch Maassreductionen vergeudet werden, als einen reellen Verlust an Kraft erkennen wird und in Folge dessen zu dem Entschluss kommen sollte, diese Verwirrung durch die Einführung einer allgemeinen Maass-Einheit zu beseitigen, so würde die verständigste Regulirung darin bestehen, dass man die Toise als allgemeines Normalmaass einführte. Es könnte dies um so leichter geschehen, weil alle Ruthen etwa gleich zwei Toisen; alle Klafter, Lachter, Fäden, Saschen u. s. w. etwa gleich einer Toise sind und deshalb der Uebergang fast ohne alle Störung vor sich gehen würde, wenn man übereinkäme, dass künftig jede Ruthe gleich zwei Toisen, jede Klafter etc. gleich einer Toise sein soll. Dass die angenommene Einheit nach dem Decimalsystem getheilt werden muss, versteht sich von selbst; denn nach einem Decimalsystem zu zählen, wie wir es thun, und nach einem Duodecimalsystem zu theilen, ist so etwas Widersinniges, dass man nicht begreift, wie dieser alte Zopf hat bis in die zweite Hälfte des 19ten Jahrhunderts hinein geschleppt werden können. Dazu kommt noch, dass fast alle Maasse entweder mit der Toise verglichen sind, oder aus ihr abgeleitet wurden, und dass die meisten Staaten bereits eine solche Toise besitzen, die nur zum Normalmaass erhoben zu werden braucht.

Der Zweck, für den die französische Regierung die grossen Opfer gebracht und die Expeditionen ausgerüstet hatte, war erreicht und die Frage über das Verhältniss der Erdaxe zu dem Aequator-Durchmesser dahin entschieden worden, dass die Erde an den Polen abgeplattet sei.

Mit diesem Ergebniss hätte man zufrieden sein können, allein es zeigte sich bald für die Entwickelung der Wissenschaften ein viel grösserer Gewinn, auf den man gar nicht gerechnet hatte, der aber nie ausgeblieben ist, wenn durch Staatsmittel gelehrte und intelligente Männer aus dem engen Gedankenkreis ihres Studierzimmers hinaus in die freie Natur versetzt und mit der Lösung einer grossen Aufgabe betraut wurden. Die zahlreichen Beobachtungen, die man gemacht, die neuen Erfahrungen, die man gesammelt, brachten eine geistige Regsamkeit hervor, die die ganze europäische gelehrte Welt in Bewegung setzte und aus der eine reiche Ausbeute für die Mathematik, für die Physik und eine völlige Umgestaltung der Messkunde hervorging.

Bis dahin hatte man mit der sphärischen Trigonometrie ausgereicht, nun entstand aber die Frage, wie man auf der sphäroidischen Erde messen müsse. An dieser Aufgabe hat man fast ein volles Jahrhundert gearbeitet und es mussten erst wichtige Theorien erfunden werden, um zum Ziele zu gelangen. Im vorigen Jahrhundert haben Maclaurin, Clairaut, d'Alembert, Euler, Legendre, Laplace, Delambre etc. daran gearbeitet, bis es endlich in der ersten Hälfte dieses

Jahrhunderts Gauss und Bessel, Ivory und Dalby gelang, eine befriedigende Lösung zu finden.

Die Messung der Grundlinien konnte künftighin nicht mehr in der alten Weise stattfinden; von der Ausdehnung durch die Wärme musste Rechnung getragen werden; dies erforderte Untersuchungen über die Ausdehnung der Körper überhaupt; dazu fehlte es aber an Mitteln, so kleine Grössen richtig zu messen. Die Vergleichung der Thermometer und Untersuchungen über die Veränderlichkeit ihrer Nullpunkte wurden nothwendig, ebenso Vergleichungen der Maasseinheiten und die richtige Uebertragung derselben auf die Messstäbe. Kurz, ein Bedürfniss erzeugte das andere, eine Idee drängte die andere, und Physiker und Techniker hatten vollauf zu thun.

In Bezug auf die Winkelmessung war schon einige Jahre vor dem Abgange der Expedition ein neues Princip aufgetaucht. Hadly hatte 1731 der Royal Society in London, deren Präsident er war, die Beschreibung eines neuen Instrumentes vorgelegt, das nach ihm den Namen des Hadly'schen Spiegelsextanten erhielt; obgleich sich später herausstellte, dass Newton der eigentliche Erfinder des Spiegelsextanten war, denn dieser hatte schon im Jahre 1700 die Beschreibung und Zeichnung eines solchen Instrumentes an Halley geschickt, der aber entweder keinen Werth darauf legte, oder das Manuscript unter seinen Papieren verlor. Erst nach Halley's Tod 1742 wurde es wieder aufgefunden und dadurch erfuhr man erst, dass die Priorität dieser Erfindung Newton gebührt*), der nicht allein das Instrument beschrieben, sondern auch Anweisung ertheilt hatte, wie man auf einem Schiffe mit demselben Polhöhen und Monddistancen messen könne.

Bald nachdem Hadley seine Beschreibung des Instrumentes veröffentlicht hatte, wurden zwar Versuche damit

*) Philos. Trans. 1742. p. 155.

angestellt, die auch günstige Resultate lieferten; aber dennoch vergingen wenigstens noch 20 Jahre, ehe es in Gebrauch kam. So viel Zeit bedurften die Menschen, um sich mit einem genialen Gedanken vertraut zu machen, der einem dringenden Bedürfniss abgeholfen hat!

Gute Sextanten zu liefern gelang erst Ramsden, nachdem er 1763 seine erste Theilmaschine erfunden und verschiedenen Mängeln in der Construction abgeholfen hatte. Nachdem er aber 1773 eine zweite vollkommnere Theilmaschine gebaut, und noch einige Verbesserungen angebracht, da liessen seine Sextanten kaum noch etwas zu wünschen übrig.

Der Hauptvortheil des Sextanten besteht darin, dass man aus freier Hand auf einem schwankenden Schiffe richtige Beobachtungen damit machen kann. Aus diesem Grunde kam er zuerst bei den Seefahrern in allgemeinen Gebrauch, während er auf dem Festlande und namentlich in Deutschland ziemlich unbekannt blieb, bis v. Zach und Graf Brühl in dem künstlichen Horizont ein Mittel fanden, ihn auch zu Beobachtungen auf dem Festlande anwendbar zu machen. Gegen Ende des vorigen Jahrhunderts wurden sogar Triangulationen zu Vermessungen damit ausgeführt.

Nicht lange, nachdem Hadley's Beschreibung des Sextanten bekannt geworden war, erfand Tobias Mayer den Spiegel-Vollkreis, der nachher von Borda in Paris noch wesentlich verbessert wurde. Vor etwa 30 Jahren verfertigte Steinheil in München Prismen-Kreise, indem er anstatt der Spiegel Prismen anbrachte. Den Prismen-Kreisen gab nachher Pistor in Berlin eine solche Einrichtung, dass ihr Gebrauch eben so einfach wie der des Sextanten wurde. Seitdem haben diese Prismen-Kreise den Sextanten bei den Seefahrern schon zum Theil verdrängt und werden ihn mit der Zeit ganz verdrängen.

Der Erfindung des Spiegelkreises liess Tobias Mayer bald eine zweite, die der Multiplikation der Winkel, folgen, die darin besteht, einen zu messenden Winkel mehrere Male auf dem Kreise an einander zu setzen, die Ablesung nur zu Anfang und am Ende der Wiederholungen zu machen und dann den durchlaufenen Bogen durch die Anzahl der Wiederholungen zu dividiren.

Dieses einfache Mittel, um kleine am Nonius nicht ablesbare Theile eines einfachen Winkels, durch mehrfaches Aneinandersetzen desselben, so zu vergrössern, dass die Summe dieser kleinen Quantitäten ablesbar wird, erschien so vortheilhaft, dass es auf dem Continent eine völlige Umgestaltung der Winkelinstrumente herbeiführte. Die alten Quadranten und Sektoren verschwanden gänzlich und es traten Vollkreise an ihre Stelle. Nur in England hat man die Sektoren zu Polhöhen-Bestimmungen bis in die neueste Zeit beibehalten.

Obgleich man bei der Construction der Winkel-Instrumente jetzt allgemein zu den Vollkreisen übergegangen war, so machten sich dennoch zwei sehr verschiedene Principe neben einander geltend. Die Multiplications-Methode wurde auf dem Continent angenommen und war hauptsächlich in Frankreich durch die Borda'schen Kreise (Cercles repétiteurs) vertreten. Diese Instrumente waren mit 4 Nonien und 2 Fernröhren versehen, von denen das eine dem Kreise, das andere der Alhidade angehörte, und hatten die Einrichtung, dass der Kreis in die durch beide Objecte und den Standpunkt gehende Ebene gebracht und der Winkel in dieser Ebene multiplicirt wurde. Die so gemessenen Winkel bedurften aber einer Reduction auf den Horizont.

In England dagegen suchte man die Multiplication durch grosse Dimensionen der Kreise zu ersetzen und die Reduction der Winkel dadurch zu umgehen, dass der Kreis selbst horizontal gestellt und dem Alhidaden Fernrohr eine auf die Ebene des Kreises senkrechte Bewegung gegeben wurde. Diesem Instrument gab man den Namen Theodolit. Woher dieser Name kommt oder wer diese Construction erdacht, ist unbekannt.

Die ersten Instrumente dieser Art, welche einen ausgezeichneten Ruf erlangt haben, waren zwei Theodoliten, die Ramsden gebaut hat; den einen für die Royal Society, den andern für die erste Triangulation, die England zur Verbindung der Sternwarten von Greenwich und Paris ausführen liess. Dies Unternehmen wurde 1783 unter General Roy angefangen und eine Grundlinie dazu bei Hounslow Heath mit 20 Fuss langen Glasröhren gemessen. Man glaubte durch die geringe Ausdehnung des Glases den Temperatureinfluss am besten beseitigen zu können, was sich aber nicht bestätigte, obgleich dabei auch noch andere Fehlerursachen mitgewirkt haben mögen. Ein anderer Versuch mit einer Stahlkette von 100 Fuss Länge, deren Ausdehnung man bestimmt hatte, fiel nicht viel besser aus.

Die erwähnten Theodoliten hatten einen Durchmesser von drei Fuss engl., die Kreise waren von 10 zu 10 Minuten getheilt und wurden mit zwei um 180° von einander abstehende Mikroskop-Mikrometer *), die Ramsden erfunden hatte, abgelesen. Jeder Umgang der Schraube betrug 1 Minute und war am Kopf der Schraube in 60 Theile getheilt, so dass man direkt 1 Secunde ablesen und die Zehntel schätzen konnte. Das über dem Centrum des Kreises sich senkrecht gegen denselben bewegende Fernrohr hatte 2,5 Zoll Oeffnung bei 54facher Vergrösserung und trug auf seiner horizontalen Axe einen 10,5zölligen Höhenkreis, der ebenfalls mit zwei Mikroskop-Mikrometern abgelesen wurde, die direct 3 Secunden angaben. Diese Instrumente sind deshalb so merkwürdig, weil man in der neuesten Zeit wieder auf dieselbe Construction zurück gekommen ist.

*) Das zusammengesetzte Mikroskop selbst war gegen das Ende des 16ten Jahrhunderts von Zacharias Jansen in Gemeinschaft mit seinem Vater Hans Jansen, Brillenmacher in Midelburg, erfunden worden. Humboldt, Kosmos Bd. II. Seite 356.

Dies war im allgemeinen der Standpunkt der höheren Messkunde, als Delambre und Mechain 1792 die neue grosse französische Gradmessung mit Borda'schen Kreisen von 13 bis 15 Zoll Durchmesser anfingen.

Man hatte zwar in Frankreich den grossen englischen Theodoliten schon 1787 bei der Verbindung der englischen und französischen Dreiecke, die in der Nähe von Dünkirchen über den Canal hinweg ausgeführt worden war, kennen gelernt, aber man schreckte vor der Schwierigkeit der Aufstellung und des Transportes zurück, und glaubte mit den leichten Instrumenten und der Multiplications-Methode dasselbe leisten zu können. Der Erfolg entsprach gewissermassen diesen Erwartungen, denn es stellte sich heraus, dass die Fehler in der Summe der 3 Winkel bei den Dreiecken der neuen Gradmessung selten die Höhe von 3 Secunden erreichten und sie noch seltener überschritten: eine bis dahin unerhörte Genauigkeit.

Mit nicht geringerem Erfolge war die Aufgabe, einen den Anforderungen entsprechenden Apparat zur Messung der Grundlinie anzufertigen, von Borda gelöst worden. Er erfand das Metallthermometer und construirte die Messstangen aus Platin und Kupfer so, dass durch die Verschiebung, welche durch die ungleiche Ausdehnung beider Metalle entsteht, ihre Temperatur bis auf $\frac{1}{80}$stel von einem Reaumur'schen Grade bestimmt und die Reduction auf eine Normal-Temperatur sicher ausgeführt werden konnte. Diese Einrichtung hat sich im Princip so bewährt, dass sie noch heute an keinem Basis-Apparate fehlen darf.

Die mit Borda's Apparat gemessenen Grundlinien hatten:

die Basis von Melun eine Länge von . . . $6075^{T},9001$

„ „ „ Perpignan eine Länge von $6006^{T},27$.

Mechain hatte aus der Basis von Melun die von Perpignan berechnet und $= 6006^{T},1983$ gefunden *), welches

*) Base du Système mètrique, Tom. I. p. 89.

etwa $\frac{1}{800000}$stel der Länge beträgt, und 16mal genauer ist, als die Arbeiten in Peru.

Die Gradmessung von Delambre hat lange Zeit als ein unübertroffenes Meisterwerk dagestanden, dem die übrigen Geodäten nahe zu kommen suchten; seine Beobachtungsweise und seine Rechnungsmethoden waren maassgebend unter dem ersten Kaiserreich, wo der Cercle répétiteur auf dem ganzen Continent eingeführt war. — Zu jener Zeit wurden gute Winkelinstrumente fast ausschliesslich nur in Paris und in London verfertigt. Die von Reichenbach in München 1804 gegründete Werkstatt wurde erst später so berühmt.

Dieser ausgezeichnete Künstler hatte die Multiplications-Methode mit den Vortheilen des Theodoliten zu vereinigen gewusst und baute Multiplications-Theodoliten von einfach eleganter Form und vortrefflicher Theilung, die in Deutschland nach dem Befreiungskriege bald die Borda'schen Kreise verdrängten, während sie in Frankreich beibehalten wurden.

Die ersten Reichenbach'schen Multiplikations-Theodoliten hatten nur einen Horizontalkreis, der aber mittelst einer besonderen Axe umgesetzt auch als Verticalkreis benutzt werden konnte. Diesem Uebelstande wurde durch sein Universal-Instrument abgeholfen.

Die durch die Multiplications-Methode erzielte Genauigkeit ging aber nirgends über die von Delambre und Mechain erreichte Grenze hinaus, während sie häufig genug darunter blieb; man kann sie zwischen $\frac{1}{40000}$ und $\frac{1}{80000}$ annehmen.

In England hatte die Repetitions-Methode nie Eingang gefunden, weil die grossen 3- und 2füssigen Theodoliten dazu nicht geeignet waren. Auf dem Festlande blieb sie unangefochten, bis W. Struve*) sie 1823 bei seinen geodätischen Arbeiten beseitigte, und als man angefangen hatte,

*) Arc du Méridien de 25° 20' entre le Danube et la Mer Glaciale, Tom I. par W Struve. St. Petersbourg 1856.

für die Sternwarten 3füssige Multiplicationskreise der neuen Art zu bauen, erhoben sich gleichfalls Stimmen dagegen. In Deutschland war Littrow*) in Wien der erste, welcher ihre Vortheile anzweifelte und der einfachen Beobachtungsweise der Engländer den Vorzug gab.

Gauss machte bei der hannöverischen Gradmessung mit seinem 12zölligen Theodoliten ebenfalls den Versuch, nach Richtungen zu beobachten und das Resultat der Winkel nach der Methode der kleinsten Quadrate zu bestimmen. Der Erfolg war günstig und seitdem wurde nach und nach die Repetitions-Methode aufgegeben und dadurch ein neuer Schritt vorwärts gethan. Etwa 15 Jahre später wurde auch anstatt der Nonien die Ramsden'sche Ablesungsweise mit Mikroskop-Mikrometern an kleineren Theodoliten versucht und dadurch ein neuer Vortheil erzielt. Ich habe im Jahre 1839 bei Schumacher in Altona den ersten, von Repsold in Hamburg verfertigten Theodoliten mit Mikroskopen zum Ablesen gesehen und habe seit der Zeit nur noch ungern die Nonien gebrauchen mögen.

Der Vortheil der Mikroskope ist ein doppelter; einmal geht das Ablesen viel leichter und schneller als mit Nonien, und dann hat bei der Vollkommenheit, mit der man gegenwärtig die Schrauben schneiden kann, der grössere Durchmesser der Instrumente nicht mehr den Werth, wie bei den Nonien, denn ein 8- oder 10zölliger Theodolit leistet fast ganz eben so viel wie ein 16zölliger. Es kommt bei den Mikroskopen nicht mehr so viel auf den Durchmesser als auf die Theilung an.

Der gegenwärtige Stand der höheren Geodäsie ist der, dass durch die Anordnung der Beobachtungen die kleinen Fehlerursachen aufgehoben werden und dass man nach Richtungen beobachtet, die dann nach der Methode der kleinsten Quadrate ausgeglichen werden. Die horizontalen Winkel und die Zenithdistanzen werden mit Theodoliten

*) Astron. Nachrichten, No. 3. 1823.

gemessen, die mit Horizontal- und Höhenkreis versehen sind und mikroskopische Ablesungen haben. Die Genauigkeit, welche durchschnittlich mit 8 bis 12zölligen Kreisen erreicht werden kann, ist auf etwa $\frac{1}{200000}$stel der Länge zu veranschlagen. Siehe W. Struve in: Verbindungen der Preussischen und Russischen Dreieckskettten Seite 435. Berlin 1857.

Für die Messung der Grundlinien hat Borda zwei Grundsätze aufgestellt, die heute noch massgebend sind. Der erste beruht darauf, dass die verschiedene Ausdehnung zweier Metalle das beste Mittel sei, um die Reduction der Stangen auf ihre Normallänge zu bewerkstelligen (Metallthermometer). Der zweite verlangt, dass bei der Messung selbst die einzelnen Stangen an den Enden nicht in Contact gebracht, sondern in kleinen Zwischenräumen ganz unabhängig von einander aufgestellt und die Zwischenräume besonders abgelesen werden.

Diese Grundsätze sind unverändert festgehalten worden, nur ihre Ausführung war verschieden.

Borda's Messstangen bestanden aus Platin und Kupfer und zum Ablesen der Zwischenräume und der Metallthermometer dienten Schieber mit Nonien.

Reichenbach liess seine Stangen in keilförmigen Schärfen endigen, von denen eine horizontal, die andere vertikal war, und machte die Ablesungen mit einem in einem sehr spitzen Winkel geschliffenen Glaskeil, der in das Intervall zwischen einer horizontalen und einer vertikalen Schneide eingesenkt wurde.

Repsold schnitt bei dem Schumacher'schen Apparate das eine Ende durch eine senkrechte Ebene ab und liess das andere kugelförmig enden. Die Ablesungen wurden ebenfalls mit einem Glaskeil gemacht.

Diese Einrichtung setzt aber die wagerechte Aufstellung der Stangen voraus, während Reichenbach's Einrichtung den Gebrauch in geneigten Lagen zulässt.

W. Struve hatte Borda'sche Stangen, die mit einem Fühlhebel-Apparat abgelesen wurden.

Bessel liess seine Stangen aus Eisen und Zink nach Reichenbach's Art anfertigen und ablesen.

Hassler in seiner Schrift über die von 1807 bis 1816 zur Vermessung der Küsten der vereinigten Staaten ergriffenen Massregeln, hat sich der Mikroskope zum Ablesen bedient.

Colby's Compensation Bars wurden ebenfalls mit Mikroskopen abgelesen.

Die Commission der neuen Karte von Spanien hat Stangen wie Borda, von Platin und Kupfer mit Mikroskopen zum Ablesen. Dieser Apparat, von Brunner in Paris verfertigt, vereinigt Alles, was gegenwärtig die Technik zu leisten vermag und ist beschrieben in: Expériences faites avec l'Appareil à mesurer les Bases, apartenant à la Commission de la Carte d'Espagne. Publié par ordre de la Reine. Traduit de l'espagnol par A. Laussedat. Paris 1860.

Die Längen der gemessenen Grundlinien wurden sehr verschieden angenommen. Delambre und Mechain hatten Grundlinien von etwa 6000 Toisen Länge. Die englischen sind zwischen 4000 und 6000; W. Struve's etwa 4000; Schumacher's 3000 Toisen lang.

Prof. Schwerd*) hat dagegen zuerst mit Erfolg den Versuch gemacht, eine kleine Grundlinie von 441 Toisen durch Winkelmessungen zu vergrössern. Diesem Beispiel folgte Bessel, indem er seine Grundlinie zu 935 Toisen annahm, und ihre Genauigkeit durch doppelte Messung zu erhöhen suchte. Bei meinen Grundlinien folgte ich wieder Bessel, und gab ihnen je nach der Terrain-Beschaffenheit eine Länge von 1100 bis 1400 Toisen.

Das Princip, eine kleine Grundlinie durch Winkelmessungen zu vergrössern, ist namentlich in Frankreich ange-

*) Die kleine Speyerer Basis. Speyer 1822.

zweifelt worden, obgleich es sich bei der Verbindung der preussischen und russischen Messungen vollständig bewährt hat. Die Commission der neuen Karte von Spanien hat sich vorgesetzt, diese Frage direkt zur Entscheidung zu bringen. Sie wird ihre Grundlinie in 5 kleinere theilen und die ganze gemessene Länge durch Winkelmessungen aus den einzelnen Stücken ableiten.

Was die Genauigkeit der Grundlinien anbetrifft, so kann man dieselbe bei dem Bessel'schen Apparat etwa auf $\frac{1}{800000}$stel veranschlagen. Die Leistungen des spanischen Apparates scheinen aber nach der in der oben erwähnten Schrift mitgetheilten Probe noch beträchtlich darüber hinaus zu gehen. Ueberhaupt hat die Commission der neuen Karte von Spanien einen Operationsplan entworfen, der, wenn er ausgeführt wird, alles verdunkeln dürfte, was in diesem Gebiet auf dem Continent geleistet wurde.

Durch die Ablesungen vermittelst der Mikroskope hat die Technik einen grossen Schritt vorwärts gethan, so dass es ihr gelungen ist, alle in der höheren Geodäsie errungenen Vortheile auch auf die niedere Messkunde zu übertragen. Die Herren Pistor und Martins in Berlin verfertigen kleine etwa 9 Pfund schwere Theodoliten mit 5zölligen Horizontal- und Höhenkreisen, beide mit mikroskopischen Ablesungen, mit denen man die Winkel bis auf 5 Secunden und die Entfernungen bis auf $\frac{1}{5000}$stel*), also etwa 15mal genauer und viel schneller als mit der Kette messen kann. Daraus folgt, dass eine solche Theodoliten-Messung erst auf 2500 Morgen einen Fehler von einem Morgen hat; während eine Kettenmessung schon auf etwa 150 Morgen einen Fehler von einem Morgen giebt — ein gewiss sehr zu beherzigender Umstand bei Vermessungen, wo es sich um Mein und Dein handelt. —

Durch diese Leistungen der Technik ist der Gegensatz

*) Das ist etwa die Genauigkeit der peruanischen Gradmessung.

zwischen höherer und niederer Messkunst verschwunden und die letztere unterscheidet sich von der ersteren durch nichts weiter, als durch die kleineren Dimensionen der Theodoliten. Der Theodolit mit mikroskopischen Ablesungen ist gegenwärtig das vollkommenste Winkelinstrument und daraus folgt, dass man mit demselben auch das Beste leisten, d. h. mit einem Minimum von Zeit und Mittel das Meiste vollbringen kann. Und das gilt selbstverständlich von allen Arten von Vermessungen auf dem Festlande, also auch von militairischen, besonders wenn man hier mit dem Theodoliten noch die Stadia à mire constante in Verbindung bringt.

Die neuere allgemeine Messkunde unterscheidet sich also von der früheren niederen Messkunde dadurch, dass sie auf wissenschaftlichem Boden steht, und dass sie von allen Instrumenten, die gebraucht werden sollen, die Bestimmung ihrer wahrscheinlichen Fehler verlangt, d. h. diejenige Angabe der Fehlergrenze, die mit einem gegebenen Instrument bei gewöhnlicher Aufmerksamkeit nicht überschritten wird, dergestalt, dass man von jeder Arbeit sagen kann, innerhalb welcher Grenzen sie richtig sei und auch versichert sein kann, dass mit eben diesem Instrument durchschnittlich nicht mehr zu leisten ist. Alle Instrumente dagegen, deren wahrscheinlicher Fehler nicht bestimmt werden kann, als da sind Boussole, Halbkreis, Kippregel u. s. w. gehören einer unwissenschaftlichen Vergangenheit an und werden nur da noch gebraucht, wo man keinen Werth auf richtige Arbeiten legt.

Der Theodolit ist bereits in Gotha, Schwarzburg-Sondershausen, Hessen-Darmstadt und, wie ich gehört habe, auch in Württemberg eingeführt. Mit mikroskopischen Ablesungen jedoch, so viel mir bekannt, nur bei der Kataster-Vermessung in Schwarzburg-Sondershausen, wo so weit ins Detail hinunter triangulirt wird, dass auf je 12 bis 14 Morgen ein trigonometrischer Punkt kommt, so dass die

Flächeninhalte aller Feldabtheilungen (mit Ausnahme der Parcellen in denselben) trigonometrisch bestimmt werden. Das Wichtigste dabei aber ist, dass diese Vermessung, die 1852 angefangen wurde und ihrer Beendigung entgegen geht, um mehr als ein Dritttheil wohlfeiler ist, als die Kettenmessungen nach alter Art.

Der Oberst Ybañez, Mitglied der Commission der neuen Karte von Spanien, der Europa durchreist hatte, um sich mit dem Stande der Vermessungen in den verschiedenen Ländern bekannt zu machen, hat zuletzt die Arbeiten in Sondershausen in Augenschein genommen und sich gegen das Schwarzburgische Staatsministerium dahin geäussert, dass die dortigen Arbeiten Alles überträfen, was er gesehen habe.

Es mag befremdend erscheinen, dass ein so kleiner Staat an der Spitze der praktischen Messkunde stehe, aber dass es der Fall ist, das kann ich bestätigen und benutze diese Gelegenheit, um die Aufmerksamkeit aller Derjenigen, die neue Vermessungen einzuleiten oder Verbesserungen einzuführen beabsichtigen, darauf hinzulenken. Sie finden an den Grenzen des Fürstenthums Messungen alter Art und Gelegenheit, Vergleiche anzustellen, die den Unterschied zwischen dem Alten und Neuen im grellsten Lichte zeigen.

§. 7.
Gegenwärtiger Stand der europäischen Gradmessungen.

Europa besitzt, wie wir gesehen haben, zunächst zwei grosse Breitengradmessungen. Die erste im Westen ist die französisch-englische, die sich von den Balearen (Formentera unter 38° 40′ Breite) bis zu den Shetlands-Inseln (Saxavord unter 60° 50′ Breite) erstreckt. Die zweite im Osten ist die russisch-skandinavische, die bei Ismael an der Do-

5*

nau unter 45° 20 Breite beginnt und zu Fuglenaes auf einer Insel im Eismeere bei Hammerfest unter 70° 40′ Breite endet.

Die erste geht durch den Meridian von Paris, die zweite durch den Meridian von Dorpat, ihr Abstand in Länge beträgt 24° 23′.

Zu diesen beiden Gradmessungen kommen in Mittel-Europa noch drei kleine, die hannöverische, die dänische und die ostpreussische, die zusammen 5° 3′ Breite umfassen. Die ganze Summe der in Europa wirklich gemessenen Meridianbögen beträgt also 52° 33′ oder etwa 788 geographische Meilen.

Von den verschiedenen Längengradmessungen sind vorzugsweise drei anzuführen:

1. Die französisch-sardinisch-österreichische. Sie beginnt bei Marennes, nördlich von der Mündung der Gironde und geht unter 45° 43′ 12″ Breite über Clermont-Ferrand, Turin und Mailand bis Padua. Ihre Verlängerung würde den grossen russischen Meridianbogen in der Nähe seines südlichen Endpunktes treffen, und wäre als Verbindung der grossen Breitengradmessungen höchst wünschenswerth. Der österreichische Generalstab besitzt bereits eine zusammenhängende schätzbare Dreieckskette von Fiume bis Orsova, so dass nur noch die Strecke von Orsova bis Ismael zu trianguliren ist, um die Dreiecksverbindung vollständig herzustellen. Von dem vielfach bethätigten Interesse der österreichischen Regierung für die Wissenschaften darf daher mit Zuversicht die Ausfüllung dieser Lücke erwartet werden, sobald die politischen Verhältnisse sich einmal für solche Unternehmungen wieder günstiger gestaltet haben.

2. Die französisch-baierisch-österreichische. Sie beginnt bei Brest am atlantischen Ocean und geht im Parallel von Paris über Strasburg und München bis Wien. Ihre Verlängerung nach Osten würde die russische Grad-

messung in der Nähe der astronomischen Station Ssuprunkowzi (48° 45′) treffen, und eine zweite Verbindung der grossen Meridianbögen im Herzen von Europa abgeben, die nicht minder wichtig als die erste, ihrer dereinstigen Ausführung gewärtig ist.

3. Der grosse europäische Parallelbogen. Derselbe durchschneidet ganz Europa im 52. Parallel von der Ostgrenze bis zur Westgrenze, schneidet den grossen russischen Meridianbogen ganz in der Nähe der astronomischen Station Bellin, den englischen zwischen Greenwich und Cambridge und endet an der Westküste von Irland.

Sobald die beiden letzten, bereits in Angriff genommenen Operationen, d. h. der grosse europäische Parallelbogen und der zwischen Brest und Wien, beendigt sein werden, beträgt die Anzahl der wirklich gemessenen Längengrade

zwischen Marennes und Padua	12° 59′
„ Brest und Wien	20° 44′
der grosse europäische Parallelbogen	69°
in Summa	102° 43′

Wenn aber No. 1. und 2., wie angedeutet, bis an den grossen russischen Meridianbogen verlängert werden, dann kommen respektive noch 14° 51′ und 10° 20′, zusammen 25° 11′ hinzu, so dass dann die ganze Summe der gemessenen Längenbögen auf 127° 54′ steigt und die Anzahl der gemessenen Breitengrade um mehr als das Doppelte übertrifft. Die Gesammt-Ausdehnung dieser Längenbögen übersteigt 1200 geographische Meilen, und die Gesammt-Ausdehnung der Breiten- und Längengradmessungen zusammen erreicht die Höhe von nahe 2000 geographischen Meilen,*) während der Durchmesser der Erde im Aequator nach Bessel's Bestimmung (§. 3. unter 5.) nur 1718,87 solcher Meilen beträgt.

*) Eine geographische Meile ist = 3807^{T},23 oder = 1970,25 preuss. Ruthen.

Dies Resultat gereicht Europa zur Ehre. An dieser Ehre participiren die einzelnen Staaten im Verhältniss ihrer Leistungen und die Leistungen sind wieder der Ausdruck ihres wissenschaftlichen Interesses auf diesem Gebiete.

Ueberblicken wir jetzt den gegenwärtigen Stand der Operationen, so stellt sich heraus, dass sich die ganze Thätigkeit auf die Längengradmessungen geworfen hat, indem gleichzeitig an zweien derselben gearbeitet wird, während die Breitengradmessungen ganz zu ruhen scheinen, was um so mehr zu bedauern bleibt, als überhaupt nur zwei, eine im Westen, die andere im Osten vorhanden sind, und eine dritte im Centrum unseres Erdtheils gar sehr vermisst wird, wo sie schon an und für sich, dann aber aus den besonderen Gründen nicht fehlen dürfte, die sogleich näher entwickelt werden sollen.

§. 8.

Fragen, welche, durch die bisherigen Gradmessungen angeregt, den künftigen zur Lösung vorbehalten bleiben.

Die bisherigen Gradmessungen haben bewiesen, dass die Erde im Allgemeinen ein Rotations-Ellipsoid sei, sie haben die Abplattung desselben mit Uebereinstimmung gleich $\frac{1}{299}$ ergeben und die Länge der Erdaxe und des Aequatordurchmessers mit grosser Annäherung bestimmt; sie haben die Astronomie und die Nautik ausserordentlich gefördert und zu vielen mathematischen und physikalischen Untersuchungen den Anstoss gegeben; sie haben durch ihre Anforderungen an die Mess-Instrumente die Talente mechanischer Künstler herausgefordert und die Vervollkommnung der Mess-Instrumente so weit getrieben, dass uns die Armirung einer Sternwarte in Erstaunen setzt, und dass man andererseits die Feldmesserarbeiten, wo die wissenschaftliche Behandlung bis in diese Sphäre gedrungen ist, mit einer Sicherheit ausführen sieht, die der Genauigkeit der peruanischen Gradmessung gleichkommt; sie haben durch den exacten und künstlichen Bau der Instrumente und der Theilmaschinen einen Einfluss auf die übrige Technik ausgeübt, der dem Maschinenbau in seiner jetzigen Vollendung zu Gute gekommen ist; kurz, die Gradmessungen waren der Träger der neueren wissenschaftlichen Entwickelung und die Geschichte wird stets der erleuchteten Fürsten und ihrer Staatsmänner, die diese Entwickelung beförderten, mit hohem Ruhme gedenken und ihre Namen künftigen Geschlechtern zur Nacheiferung überliefern.

Wer da aber glauben wollte, dass nun Alles gethan sei, der würde gewaltig irren, ja, er würde mit diesem Glauben schon den Rückzug angetreten haben; denn es giebt in der menschlichen Entwickelung keinen Stillstand.

Vieles ist zwar geschehen, aber sehr Vieles bleibt noch zu thun übrig!

Die Gradmessungen haben ausser den Resultaten, die sie geliefert, auch viele neue Fragen angeregt. Zunächst haben sich, wie wir Ende §. 3. gesehen, an einzelnen Punkten ansehnliche Abweichungen herausgestellt, die bei dem französisch-englischen Meridianbogen in Eveaux 7″,6, in Cowhythe 10″ betrugen und 15 bis 20mal grösser sind, als der wahrscheinliche Fehler der Messung. Diese Abweichungen zeigten sich jenseits der Alpen am stärksten, wo sie zwischen Mailand und Parma auf 20″ stiegen und in der Nähe von Turin bei der revidirten Gradmessung von Beccaria sogar die enorme Höhe von 48″ erreichten. Bei dem grossen russischen Meridianbogen sind die etwa vorkommenden Abweichungen noch nicht bekannt, weil die Resultate dieser Gradmessung noch nicht veröffentlicht sind. Dass aber solche Abweichungen auch dort vorkommen, geht aus einer mündlichen Mittheilung des russischen Obersten v. Meyen hervor, nach welcher in der Nähe von Moskau auf einer kurzen Strecke eine Abweichung in der Polhöhe von 12″ beobachtet wurde, die man dem plötzlichen Abbrechen einer geognostischen Formation zuzuschreiben geneigt ist.

Man hat lange die Ursache solcher Ablenkungen der Lothlinie in der Anziehung von Bergmassen zu finden geglaubt, die sich in der Nähe eines solchen Punktes über dessen Horizont erheben; allein mit dieser Annahme steht die Thatsache im Widerspruch, dass in Ostindien, gerade da wo die Anziehung der Bergmassen sich hätte am stärksten zeigen müssen, am Fusse des Himalaya, keine Ablenkung beobachtet wurde. Eine andere Ansicht neigt sich dahin, die Ursache der Ablenkungen nicht über, sondern unter der Oberfläche, in ungleichen Dichtigkeitsverhältnissen (grossen Metalllagern?), zu suchen. Wenn dies sich nachweisen liesse, so könnte möglicher Weise grosser praktischer Nutzen daraus gezogen werden.

Die bei Moskau gemachte Beobachtung deutet dagegen wieder auf eine Abhängigkeit der Ablenkungen von den geologischen Bildungen hin, wobei man an das Heben der schwedischen Küste und eine damit verbundene partielle Aenderung der Lothlinie denken könnte. Wenn eine solche Abhängigkeit aufgefunden würde, so liesse sich erwarten, dass dadurch viel Licht über die Bildungsgeschichte der Erde verbreitet werden könnte.

Wir haben hiernach schon drei Hypothesen, um die Abweichungen von der regelmässigen Figur der Erde zu erklären, nämlich die Anziehung der Bergmassen, accumulirte Dichtigkeiten im Innern und geognostische Lagerungsverhältnisse.

Ob diese drei Hypothesen neben einander bestehen, ob sie nur einzeln oder auch in Verbindung mit einander vorkommen, und sich gegenseitig aufheben können oder nicht, das sind Fragen, die künftigen Gradmessungen vorbehalten bleiben.

Nach §. 3. No. 7. ist die specielle Abplattung von England sehr viel grösser als die allgemeine und beträgt $\frac{1}{280}$. Nehmen wir nun die Karte von Europa zur Hand, so sehen wir, dass England auf der einen Seite von dem Haupt-Continent ähnlich abgetrennt erscheint, wie Italien auf der andern, und dies führt auf die Vermuthung, ob nicht Italien ebenso wie England seine besondere Abplattung habe, und ob nicht schon die bei Turin beobachteten grossen Ablenkungen dieser besonderen Abplattung angehören.

Diese Ansicht gewinnt dadurch an Wahrscheinlichkeit, dass man früher die alten Gradmessungen des Pater Beccaria und der Patres Le Maire und Boscowich (im Kirchenstaat), wegen nicht Uebereinstimmung mit den übrigen, verworfen hatte; während sich durch die neuere Nachmessung der Arbeit von Beccaria herausgestellt hat, dass die Hauptursache der Nichtübereinstimmung nicht in der Messung, sondern in einer ungewöhnlich grossen Ablenkung der Lothlinie zu suchen ist. Dasselbe kann aber auch bei der Messung von Boscowich der Fall sein und dann wäre die besondere Abplattung von Italien erwiesen.

Die Neuzeit hat gewissermassen die Pflicht, die Sache näher zu untersuchen und den alten Geodäten, wenn man ihnen Unrecht gethan hat, eine eben solche Ehrenerklärung*) zu geben, wie sie Beccaria zu Theil geworden ist.

Wenn einmal eine besondere Abplattung einzelner Länder, wie bei England, überhaupt nachgewiesen ist, so kann man auch fragen, welche Abplattung haben die sie umschliessenden Meere; stimmt dieselbe mit der allgemeinen oder mit der besonderen überein?

Diese Frage unterliegt aber ihrer Natur nach grossen Beschränkungen, denn es ist klar, dass sie nicht weiter ausgedehnt werden kann, als Dreiecksnetze die Meere längs den Küsten umschliessen. Bei der Ostsee ist dies vollstän-

*) Mesures d'un arc du Parallèle Moyen. Tom. II. p. 355. Milan 1827.

dig der Fall; bei dem Mittelländischen Meere bis in die Höhe von Formentera und Sicilien; bei dem Adriatischen Meere nur im nördlichen Theil und bei der Nordsee bis zu einer Linie, die man von den Shetlands Inseln bis nach Christiania ziehen kann.

Hieraus geht hinreichend hervor, welch' ein weites Feld der Untersuchungen noch vor uns liegt. Der Gegenstand ist noch lange nicht erschöpft, aber das Object der Untersuchungen ist ein wesentlich anderes geworden. Die bisherigen Gradmessungen hatten nur die Bestimmung der allgemeinen Figur der Erde im Auge, sie mussten also Alles zu vermeiden suchen, was Abweichungen von derselben befürchten liess. Seitdem diese Aufgabe aber befriedigend gelöst ist, hat die Sache sich umgekehrt und eine künftige Gradmessung wird es hauptsächlich nur mit den Abweichungen zu thun haben und bei ihrer Anlage Gegenden und Terrainverhältnisse aufsuchen müssen, die man sonst gern vermied.

Ueberaus günstige Verhältnisse für Untersuchungen der angedeuteten Art finden sich nun in Mittel-Europa gerade da, wo wir oben schon eine Gradmessung vermissten, auf einer Linie, die man von Palermo nach Christiania zieht. Diese Linie erfüllt alle Bedingungen zu einer mitteleuropäischen Gradmessung so vollständig, als ob sie seit Jahrhunderten dazu vorbereitet worden wäre, denn man findet, auf eine Entfernung von 8 Grad rechts und links von derselben, einige dreissig Sternwarten. — Eine so grosse Anzahl astronomisch gut bestimmter Punkte, wie sie zur Lösung der vorliegenden Fragen doch unerlässlich sind, würde man, selbst wenn Mittel genug disponibel wären, nur sehr schwer, in keinem Falle aber so gut beschaffen können. Dazu kommt noch, dass die nothwendigen Dreiecksmessungen und ihre Verbindungen auf der ganzen Strecke ebenfalls ziemlich vollständig vorhanden sind, so dass es nur nöthig ist, diese Messungen kritisch zu ordnen, mit den Sternwarten in sichere Verbindung zu bringen und etwaige Lücken, die sich finden möchten, auszufüllen, um das Gesammt-Material zu einer vollständigen Gradmessung beisammen zu haben.

Nicht minder günstig sind die Lokalverhältnisse auf dieser Linie. Zwischen Palermo und Mailand bietet sie Gelegenheit, die besondere Abplattung von Italien zu untersuchen; dann schneidet sie die hohe Alpenkette von Süden nach Norden, wo die Lokal-Anziehungen der Bergmassen geprüft werden können. Endlich kommt sie, durch die drei im vorigen §. erwähnten Längengradmessungen, mit dem grossen französisch-englischen Meridianbogen so vollständig in Verbindung, dass daraus die Krümmung des Mittelländischen Meeres zwischen Palermo und Formentera, und die Krümmung der Nordsee zwischen Dünkirchen und Christiania und zwischen Saxavord und Christiania abgeleitet werden kann, und die Krümmung der Ostsee zwischen Copenhagen und Königsberg und zwischen Königsberg und Stockholm fällt ganz in den Bereich derselben.

Eine so günstige Gelegenheit zu einer Gradmessung im Sinne der heutigen Anforderungen, wie wir sie eben beschrieben haben, findet sich auf der ganzen Erde nicht zum zweiten Mal. Die einzige Schwierigkeit, auf die man stossen könnte, besteht darin, dass die bezeichnete Linie viele verschiedene Staaten durchschneidet, und die Unternehmung nur gelingen kann, wenn sich alle zur Durchführung eines einheitlichen Planes vereinigen. Zu einer solchen Vereinigung den Anstoss zu geben, ist der Zweck dieser Schrift.

In der festen Ueberzeugung, dass es bei dem überall vorhandenen wissenschaftlichen Streben und dem zum Sprüchwort gewordenen: Vereinte Kräfte wirken Viel! eben nur der Anregung bedürfen wird, um ein Unternehmen ins Leben zu rufen, welches ein ruhmreiches Denkmal der mittel-europäischen Staaten zu werden verspricht und sich den Leistungen des Westens und Ostens dreist gegenüber stellen kann. In dieser Ueberzeugung soll nun versucht werden, in dem folgenden Paragraphen die allgemeine Idee einer solchen Gradmessung näher zu entwickeln.

Dritter Abschnitt.

Entwurf zu einer mittel-europäischen Gradmessung.

§. 9.

Grundlagen und Entwickelung der allgemeinen Idee.

Aus dem Newton'schen Gravitationsgesetz geht hervor, dass die Schwere die Wirkung der Gesammtanziehung der ganzen Erdmasse ist. Der freie Fall der Körper bestimmt die Richtung und die Intensität.

Durch die Lothlinie wird die Richtung der Schwere anschaulich dargestellt und ihre Intensität wird gemessen durch den Raum, den ein Körper in der ersten Secunde durchfällt. Diese Fallhöhe steht mit der Pendellänge in bekannter Verbindung und nimmt vom Aequator nach den Polen hin zu; sie beträgt unter dem Aequator in einer Secunde mittlerer Zeit 15,05; unter 45° Breite 15,09, und unter den Polen 15,13 Par. Fuss. Der allgemeine Ausdruck der Schwere ist

$$g^1 = g(1 - 0{,}00266 \cos 2\varphi),$$

wo g die Schwere unter 45 also = 15,09 und g^1 die Schwere unter der Polhöhe φ bedeuten. Dieser Ausdruck stellt die auf dem Rotations-Ellipsoid der Erde regelmässig vertheilte Schwere dar, die eine entsprechende Regelmässigkeit in den Dichtigkeitsverhältnissen voraussetzt. Sind dagegen die Dichtigkeiten der Masse ungleichmässig vertheilt, so wird auch die Schwere und ihre Richtung, die Lothlinie, Abweichungen zeigen, wie wir sie in §. 5. kennen gelernt haben.

Die Dichtigkeitsverhältnisse der Erde mögen aber vertheilt sein wie sie wollen, die Lothlinien bestimmen immer ihre wahre Figur, was wir uns auf folgende Weise klar machen können:

Von dem Wasser (wie überhaupt von jeder Flüssigkeit) ist bekannt, dass dasselbe nur in wagerechter Oberfläche in Ruhe oder in's Gleichgewicht kommt. Wenn aber die Oberfläche des Wassers wagerecht ist, so durchschneidet sie die Lothlinie senkrecht, oder mit anderen Worten, die Lothlinie steht senkrecht auf der wagerechten Wasserfläche.

Wenn wir daher einen vollkommen ruhigen Wasserspiegel sehen, so folgt aus dem Vorigen, dass derselbe alle Lothlinien, die wir uns über demselben denken können, rechtwinklig durchschneiden muss, weil sonst das Wasser nicht im Gleichgewicht oder in vollkommener Ruhe sein könnte.

Denken wir uns nun die ganze Erde in Wasser eingehüllt und diese ganze Wassermasse in vollkommener Ruhe mit spiegelglatter Oberfläche, so würde diese Oberfläche die wahre Figur der Erde darstellen. Ob sie regelmässig oder unregelmässig sei, ob sie Aus- und Einbiegungen, Erhöhungen und Vertiefungen habe oder nicht, das hängt ganz und gar von der Lage der Lothlinien ab, die von der Wasserfläche unter allen Umständen senkrecht durchschnitten werden müssen. Diese Idee giebt uns nun zwar einen Begriff, wie wir uns die wahre Figur der Erde zu denken haben, aber nicht die Möglichkeit, dieselbe näher zu untersuchen; wir können aber leicht von dieser allgemeinen Vorstellung zu einer praktischeren übergehen, wenn wir uns die Meere der Erde und alle damit communicirenden stehenden Gewässer gleichfalls in vollkommener Ruhe denken, dann wird ihre Oberfläche, ebenso wie vorhin, alle Lothlinien senkrecht durchschneiden, und wenn wir uns diese Oberfläche nun unter dem Festland fort nach allen Seiten erweitert vorstellen bis sie sich vollständig schliesst, so erhalten wir eine der ersten ähnliche Figur, der alle unregelmässigen Aus- und Einbiegungen, welche die erste Oberfläche über dem Festlande gezeigt haben würde, ebenfalls zukommen, in sofern sie nicht ihren Sitz in dem Festlande selbst haben, welches sich über die Meeresfläche erhebt.

Diese Gestalt, welche die in Ruhe und unter dem Festlande fortgesetzt gedachte Oberfläche der Meere giebt, ist nun das, was wir unter der Figur der Erde verstehen, und mit deren Bestimmung die Gradmessungen sich beschäftigen; denn sie gewährt uns die Möglichkeit, auf dem Festlande die Neigungen der Lothlinien gegen einander, die Entfernungen der Punkte unter einander und ihre Abstände von der allgemeinen Meeresfläche zu messen und auf diese Fläche zu reduciren, um ihre wahre Gestalt bestimmen zu können.

Ehe wir aber zu einer wirklichen Messoperation schreiten können, müssen wir sicher bestimmte Ausgangspunkte haben, die in der Oberfläche liegen, die wir bestimmen wollen; nun sind aber die Meere und Gewässer der Erde nie in vollkommener Ruhe; Ebbe und Fluth, Wind und Wetter stören unablässig das Gleichgewicht und lassen unmittelbar keinen Punkt erkennen, der in der Oberfläche der in Ruhe befindlichen Gewässer läge. Die erwähnten Schwankungen sind indessen nicht gross und lassen sich messen. Man hat daher zu diesem Zweck an den Küsten Wasserstands-Messer (Pegel) angelegt, an denen der Wasserstand gewöhnlich drei Mal täglich notirt und aus einer Reihe vieljähriger Beobachtungen das Mittel genommen wird. Von den Punkten, welche den mittleren Wasserstand an den verschiedenen Pegeln bezeichnen, nimmt man an, dass sie in der vorhin definirten Oberfläche liegen, oder dass die Oberfläche der im ruhigen Gleichgewicht befindlichen Meere durch diese Punkte gehe. Diese Meeresfläche ist nun der Ausgangspunkt für alle Höhenmessungen. Alle Punkte in dieser Oberfläche haben keine Höhe oder die Höhe Null. Alle lothrechten Abstände über derselben werden Höhen; alle unter derselben, Tiefen genannt. Alle in verschiedenen Höhen gemessenen Entfernungen werden auf diese Oberfläche reducirt.

Das sind die Mittel, um die verschiedenen Messungen vergleichbar zu machen, um ihnen eine bestimmte einheitliche Bedeutung, einen mathematischen Sinn zu geben.

Die mittlere Meeresoberfläche schneidet, wie wir gesehen haben, alles über ihr befindliche feste Land ab. Die Grenzlinie (Contur), welche hierdurch zwischen Wasser und Land entsteht, wird die erste Niveaulinie genannt.

Die Niveaulinie liegt einmal in der Oberfläche der Meere und dann folgt sie allen Aus- und Einbiegungen der Küsten, sie ist also ihrer Natur nach eine Linie doppelter Krümmung.

Denken wir uns in einem bestimmten Abstande über der Meeresfläche eine zweite Oberfläche parallel mit derselben, so haben alle ihre Punkte gleichen Abstand von der Meeresfläche oder gleiche Höhen; sie schneidet alle Land- und Bergmassen ab, die eine grössere Höhe haben, und die Schneidungslinie bezeichnet die Contur der darüber hervorragenden Ländermassen ganz in derselben Weise, wie vorhin die Küstenlinie: sie wird die zweite Niveaulinie genannt, die mit der ersten, ihrer mathematischen Natur nach, gleiche Eigenschaften hat.

Auf diese Weise kann man sich mehrere Niveaulinien in gleichen Abständen über einander, bis zu den höchsten Bergspitzen hin, gelegt denken.

Die Bestimmung solcher Niveaulinien sind ein nothwendiges Erforderniss jeder guten Landesvermessung und bilden ein unentbehrliches Hülfsmittel für das wissenschaftliche und praktische Studium der Länder. Wir finden sie daher mit Sorgfalt bestimmt in allen Ländern, wo man auf solche Studien einen reellen Werth legt, wie z. B. in England, Frankreich und Belgien.

In Deutschland hat man den Niveaulinien den sehr uneigentlichen Namen, Horizontalen beigelegt, während sie mit dem Horizont gar nichts gemein haben. Die Horizontalebene tangirt die Erdoberfläche; eine horizontale Linie liegt in dieser Ebene und hat die Eigenschaft, wenn sie vom Berührungspunkt ausgeht, dass alle ihre Punkte verschiedene Höhen haben, während die Punkte einer Niveaulinie alle gleiche Höhen haben.

Aus der Definition der Niveaulinien geht hervor, dass das Festlegen einer solchen Linie um ein Gebirge herum eine der schwierigsten Aufgaben der Messkunde ist, und dass Diejenigen, welche meinen, diese Aufgabe mit Messtisch und Kippregel lösen zu können, sich in einem mehr als gewöhnlichen Irrthum befinden. Es ist Schade um die Mittel, welche auf so verfehlte Zwecke verwendet werden.

Nachdem wir kennen gelernt, was wir unter der Figur der Erde und unter den verschiedenen Niveauflächen zu verstehen haben, können wir zur Messung der Krümmung dieser Oberflächen übergehen. Zunächst wollen wir voraussetzen, dass wir Mittel besässen, um am Himmel die Winkel zu beobachten, welche die Lothlinien entfernter Punkte, die um einen Mittelpunkt herumliegen, mit einander machen, so brauchen wir nur noch die Entfernungen auf der Erde zwischen diesen Punkten zu messen, um ohne Weiteres die Krümmungen zwischen je zwei Lothlinien bestimmen zu können; denn es sei α der Winkel, den zwei Lothlinien einschliessen, und E ihre Entfernung auf der Erde in der Höhe h über dem Meere gemessen, so haben wir aus der Lehre vom Kreise die Proportion

$$\alpha : 180^{0} = E : R\pi,$$

daraus erhalten wir den Krümmungsradius $R = \frac{E\,180}{\alpha\,\pi}$, und wenn wir von R die Höhe h abziehen, den Krümmungsradius im Niveau des Meeres. Fänden wir nun alle Krümmungsradien um den Punkt herum einander gleich, so würde die Krümmung der Oberfläche an diesem Punkte sphärisch sein, d. h. sie würde einer Kugel angehören von dem Radius $R - h$; fänden wir sie ungleich, so bliebe noch zu untersuchen, welcher krummen Oberfläche die gefundenen Krümmungsradien zugehören.

Wäre die direkte Messung der Winkel, welche die Lothlinien mit einander machen, in beliebigen Richtungen möglich, so wäre die Aufgabe wirklich so leicht, wie sie eben dargestellt wurde; allein wir können die direkte Messung nur im Meridian (Mittagslinie) ausführen, wo die Unterschiede der gemessenen Polhöhen (Breiten) die Winkel zwischen den betreffenden Lothlinien geben. In allen anderen Richtungen können wir nur auf indirektem Wege zum Ziel gelangen, d. h. wir müssen die Rechnung zu Hülfe nehmen. Rechnen können wir aber nur auf einer mathematisch vollständig bekannten Oberfläche, und hier haben wir es mit einer unbekannten zu thun, die wir erst bestimmen wollen.

Was uns vorhin so einfach vorkam, erscheint nun mit einem Male unüberwindlich schwer, und würde es auch wirklich sein, wenn wir nicht die Resultate der früheren Gradmessungen vor uns hätten, mit deren Hülfe wir alle Unregelmässigkeiten sicher bestimmen können. In §. 3. haben wir gesehen, dass die Erde im Allgemeinen einem Rotations-Ellipsoid mit der Abplattung $\frac{1}{299}$ entspricht; rechnen wir also auf der Oberfläche dieses Ellipsoids, so ist klar, dass die Punkte, welche mit der Rechnung übereinstimmen, in dieser Oberfläche liegen, und dass andere, welche nicht damit übereinstimmen um den gefundenen Unterschied davon abweichen.

Das hier aus. einander gesetzte Verfahren lässt sich aber, wie wir sogleich sehen werden, mit Hülfe der Wissenschaft noch wesentlich vereinfachen.

Die mathematische Theorie der krummen Oberflächen lehrt, dass die Krümmung einer beliebigen Oberfläche in jedem gegebenen Punkt vollkommen bestimmt ist durch die Krümmung in zwei auf einander senkrecht stehenden Hauptschnitten, von denen der eine den kleinsten, der andere den grössten Krümmungsradius enthält.

Auf der Erde ist die Meridianebene ein Hauptschnitt, welcher den kleinsten Krümmungsradius enthält, der andere Hauptschnitt muss daher senkrecht darauf stehen, ist also ein Perpendikel auf den Meridian und enthält den grössten Krümmungsradius, wie auch die Krümmung der Oberfläche an sich beschaffen sein möge. Die Krümmung im Meridian können wir nach dem Vorigen direkt messen; es bleibt also nur noch die Krümmung im Perpendikel durch Rechnung zu bestimmen übrig.

Eine Gradmessung, der die Aufgabe gestellt ist, die Krümmung der Erdoberfläche an jedem astronomisch bestimmten Punkte zu ermitteln, wird also dieser Forderung genügen, wenn sie an jedem dieser Punkte die Krümmungsradien im Meridian und im Perpendikel angiebt. Das heisst, wenn die Operationen, welche bisher entweder als Breitengradmessungen oder als Längengradmessungen einzeln ausgeführt wurden, mit einander verbunden werden.

Die Vortheile, welche aus der Verbindung einer Breiten- und Längengradmessung hervorgehen, sind:

1. Die Operation muss sich über einen nach Länge und Breite ausgedehnten Theil der Erdoberfläche ausdehnen. Denken wir uns auf einer solchen Fläche alle astronomisch nach Polhöhe und Azimuth bestimmten Punkte durch geodätische Linien mit einander verbunden und ihre

Azimuthe in diesen Punkten bestimmt, so entstehen grosse geodätische Polygone, in denen wir dieselben Bedingungsgleichungen wie in den Polygonen einer Dreieckskette aufstellen und nach der Methode der kleinsten Quadrate behandeln können.

2. Denken wir uns die Zenïthe der beiden Endpunkte einer jeden geodätischen Linie mit dem Himmelspol verbunden, so entsteht ein sphärisches Dreieck, in welchem die Grundlinie, die beiden Azimuthe und die beiden Pol-Distancen, also 5 Stücke, gegeben sind, von denen zwei als überschüssige Beobachtungen angesehen und verwerthet werden können.

3. Nach Erfüllung der mathematischen Bedingungen in einem geodätischen Polygon kann man die 5 Stücke in jedem von einer geodätischen Linie mit dem Pol gebildeten Dreieck so benutzen, dass man den Längenunterschied einmal unabhängig von den Polhöhen (aus den beiden Azimuthen und der Entfernung), und dann unabhängig von den Azimuthen (aus den drei Seiten), also auf doppelte Weise, bestimmen kann.

4. Hat man auf diese Weise die Längenunterschiede in einem geschlossenen geodätischen Polygon bestimmt, so muss jede Summe, d. h. die Längen aus den Polhöhen, und die Längen aus den Azimuthen, jede für sich gleich Null sein. Dadurch erhält man eine Controle für die Polhöhenbestimmungen und eine Controle für die Azimuthalbestimmungen.

Im Allgemeinen muss noch bemerkt werden, dass die kürzeste Linie auf dem Rotations-Ellipsoid die Eigenschaft hat, in allen ihren Punkten normal zu sein, dass sie also eine Linie doppelter Krümmung ist, mit Ausnahme im Meridian, wo sie einer Ellipse, und im Aequator, wo sie einem Kreise angehört. Dies gilt aber nur von dem mathematischen Rotations-Ellipsoid, nicht von der wirklichen Figur der Erde, bei der, nachgewiesenermassen, Abweichungen von der strengen Form vorkommen. Ist z. B. ein Parallelbogen durch Abweichungen der Lothlinie an einer Stelle kein Kreis, so liegt auch die kürzeste Linie des Meridians, die stets normal sein muss, an dieser Stelle nicht in der allgemeinen Meridianebene. Nun beziehen sich aber alle Beobachtungen, welche wir am Himmel zur Bestimmung eines Punktes machen können, auf seine wirkliche Lothlinie; weicht daher dieselbe ab, so müssen auch Polhöhe, Azimuth und Zeitbestimmungen, folglich auch die astronomischen Bestimmungen der Längenunterschiede abweichen.

Auf die Messung der Entfernung, oder auf die Winkel der Dreiecke dagegen haben diese Abweichungen entweder gar keinen oder doch nur einen ganz unerheblichen Einfluss; denn wenn in einem Dreieckspunkt die Lothlinie um 30″ abweicht, so wird ein Dreieckswinkel in einer Ebene gemessen, die gegen den Horizont des mathematischen Ellipsoids eine Neigung von 30″ hat. Die Reduction des gemessenen Winkels auf diesen Horizont ist aber so gering, dass sie unberücksichtigt bleiben kann.

Der Bogen eines Parallels muss seiner Definition nach in einer auf der Rotationsaxe senkrechten Ebene liegen, welche Bedingung schwer zu erfüllen ist.

Bei einer stückweisen Berechnung durch die Uebertragung der Breiten und Azimuthe von Dreieckspunkt zu Dreieckspunkt ist man abhängig von der angenommenen Abplattung, und wenn diese mit der wirklichen nicht übereinstimmt, so bleibt man auch nicht in einer Ebene. Vortheilhafter erscheint folgendes, auf die allgemeine Auflösung der sphäroidischen Dreiecke gestützte Verfahren zu sein, um den Bogen eines Parallels zwischen den Meridianen zweier astronomisch bestimmten Punkte A und B zu finden:

Man berechne zuerst aus der Dreieckskette die kürzeste Linie AB, sowie ihre Azimuthe in A und in B. Daraus berechne man, für jeden Punkt, das Perpendikel bis zum Durchschnitt mit dem anderen Meridian. In diesen Perpendikeln in A und in B liegen zugleich nach dem Früheren die grössten Krümmungsradien dieser Punkte, und sie geben zugleich das Mittel (als rechtwinkelige sphäroidische Dreiecke), den Längenunterschied zwischen A und B möglichst unabhängig von der Abplattung und auf doppelte Weise zu erhalteu.

Nimmt man jetzt auf dem Meridian von B einen Punkt an, der dieselbe Polhöhe wie A hat, und berechnet die kürzeste Linie zwischen diesem Punkt und A oder den Abstand der Parallelen von A und B, so ist, da die Normalen desselben Parallels einander gleich sind, die Länge derselben sehr nahe dem mit der Normale beschriebeneu Kreisbogen gleich. Verwandelt man diesen Kreisbogen in einen Parallelkreis, so hat man die Länge des durch A gehenden Parallelbogens zwischen den Meridianen von A und B, dem der vorhin gefundene Längenunterschied, als Winkel an der Rotationsaxe, zugehört.

Ebenso kann man auch die Länge des Parallelbogens in der Breite von B finden, und wenn die Vermessung sich im Bereich beider Meridiane nach Süd und Nord weiter ausdehnt, die Parallelbögen an so viel verschiedenen Stellen, als astronomisch bestimmte Punkte vorhanden sind. Auf diesem Wege kann man ein ansehnliches Stück von einem Ellipsoidstreifen erhalten, und in derselben Weise wie der eine gefunden wurde, kann man auch mehrere neben einander bestimmen.

Denkt man sich nun in einem System von astronomisch bestimmten Punkten, die durch geodätische Linien mit einander verbunden sind, alle Meridiane gezogen und die sämmtlichen Ellipsoidstreifen, die sich bilden lassen, bestimmt, so wird man leicht beurtheilen können, welche Meridiane eine Abweichung zeigen. Denn gesetzt, es wäre die Abweichung irgend eines Meridians gegen einen anderen so gross als ihre Convergenz, fände aber im entgegengesetzten Sinne statt, so würde man einen parallelen Streifen, anstatt eines Ellipsoidstreifens, erhalten.

Dies wäre der Hauptsache nach die Grundidee zu der in Vorschlag gebrachten Gradmessung, und in diesem Sinne sind denn auch alle die Vorbereitungen aufzufassen, welche demnächst speciell erörtert werden sollen.

§. 10.
Feststellung der Maasseinheit.

Die Toise von Peru ist von je her das Grundmaass für alle geodätische Operationen gewesen und es sind auch, wie wir oben gesehen haben, die vielen Maasseinheiten der verschiedenen Länder durch dieselbe definirt oder mit derselben sorgfältig verglichen worden. Die Maassverwirrung ist also dadurch entstanden, oder kann doch so angesehen werden, dass man in jedem Lande ein anderes Stück der Toise als Maasseinheit einführte.

Wo daher, wie hier, bei einer Gradmessung, die sich über verschiedene Länder erstreckt, die Nothwendigkeit, zu einer Maasseinheit zurückzukehren, geboten ist, wird man nur auf dem Wege, auf welchem man zu der Zersplitterung gekommen, rückwärts zu gehen brauchen, um wieder zu der ursprünglichen Einheit zu gelangen; es wird daher nur darauf ankommen, nachzuweisen, dass diese Einheit nicht illusorisch, sondern dass sie faktisch und ganz unzweifelhaft vorhanden, und auch so conservirt ist, dass sie niemals verloren gehen kann.

Die Königsberger Sternwarte hatte auf Bessel's Veranlassung eine Copie der Toise du Pérou angeschafft, die von Fortin verfertigt und von Arago und Zahrtmann in Paris mit dem Original verglichen worden war. Aus ihrem Certifikat ging hervor, dass sie etwas zu kurz sei und ihre wahre Länge $863^{L},9992$ betrage.

Bessel hat diese Toise zu seinen Versuchen über die Länge des einfachen Secundenpendels *) benutzt und ihre Ausdehnung durch die Wärme auf das sorgfältigste bestimmt; auch hat er bei der Gradmessung in Ostpreussen die Länge der Messstangen, welche zur Messung der Grundlinie dienten, darnach ermittelt und die Resultate der Gradmessung in diesen Toisen angegeben. Später hat er seine Toise mit zwei anderen von Schumacher in Altona, von denen die eine von Fortin, die andere von Gambey angefertigt war, verglichen und die Längen derselben gegen die seinige genau angegeben **). Ferner hat er bei Regulirung des preussischen Längenmaasses den Normalstab von 3 preussischen Fuss (à 139,13 Par. Linien) aus seiner Toise abgeleitet und sein Verhältniss zu dieser Toise auf das genaueste dahin bestimmt, dass dieser Stab bei der Normaltemperatur dieser Toise um 0,00063 Linien kürzer sei als 417,39 Par. Linien.

Russland besitzt ebenfalls eine Toise von Fortin, die auf der Dorpater Sternwarte aufbewahrt wird, und, nach dem Certifikat von Arago, der Toise du Pérou gleich ist.

W. Struve hat nach dieser Toise die Länge eines Etalons bestimmt, der allen russischen geodätischen Operationen zu Grunde gelegt ist, und denselben = 1728,01249 Linien der Toise von Fortin bei 13° R. gefunden.

Sobald wie die Verbindungen der russischen Dreiecksketten mit denen der Nachbarstaaten in Aussicht standen, wurden in der Petersburger Akademie der Wissenschaften, in deren Hand die wissenschaftliche centrale Leitung aller höheren geodätischen Operationen im russischen Reiche liegt (ähnlich wie eine solche Leitung früher in Frankreich von der Pariser Akademie ausgeübt wurde), sogleich die

*) Untersuchungen über die Länge des einfachen Secundenpendels. Berlin 1828.

**) Darstellung der Untersuchungen, welche durch die Einheit des preussischen Längenmaasses veranlasst worden sind. Berlin 1839.

gegenseitigen Maassvergleichungen als eine absolute Nothwendigkeit zur Sprache gebracht, und auf der Central-Sternwarte zu Pulkowa, unter W. Struve's Leitung, die umfassendsten Einrichtungen dazu getroffen.

Bei der Verbindung der russischen und österreichischen Dreiecke bei Tarnogrod und Krakau schickte Oesterreich drei Maassstäbe, eine Toise, eine Copie der Wiener Klafter und die Normalklafter selbst zur Vergleichung nach Pulkowa.

Bei der Verbindung der russischen und preussischen Dreiecke 1852 wurden von mir drei Copien der Bessel'schen Toise angefertigt, weil man dieselbe, als Grundmaass des preussischen Normalmaasses, einem so weiten Transport nicht aussetzen wollte. Bei Anfertigung dieser Copien und ihrer Ausdehnung durch die Wärme wandte ich mit Vortheil ein neues Verfahren an, welches auf das Princip von Borda's Metallthermometer gegründet ist, und das ich bei ähnlichen Arbeiten sehr empfehlen kann. Dies Verfahren ist beschrieben in: Verbindungen der preussischen und russischen Dreiecksketten. Berlin 1857.

Die Längen dieser drei Copien wurden bei der Normaltemperatur von 13° R. gefunden wie folgt:

Copie No. 9. = $864^L,002644$ m. d. wahrsch. Fehl. $\mp 0^L,000084$
„ „ 10. = $863^L,999011$ „ „ „ $\mp 0^L,000109$
„ „ 11. = $863^L,998998$ „ „ „ $\mp 0^L,000119$

Die Copie No. 9. gehört dem preussischen Generalstabe.

Die Copie No. 10. wurde zur Vergleichung nach Pulkowa geschickt und befindet sich noch dort.

Die Copie No. 11. gehört dem belgischen Dépôt de la Guerre.

Nach einer Mittheilung des Generals v. Tenner vom 28. April 1853 hatte W. Struve die Copie No. 10. und auch die Wiener Stäbe mit seinem Etalon verglichen und folgendes Resultat gefunden:

Benennung der Stäbe.	Länge in Linien der Toise von Fortin bei 13° R.	Wahrscheinliche Fehler in Linien.
Russischer Etalon	1728,01249	0,0
Copie d. Bessel'schen Toise No. 10.	863,99914	∓ 0,00010
Bessel'sche Toise	863,99933	∓ 0,00015
Wiener Toise	863,91726	∓ 0,00035
Copie der Wiener Klafter . . .	840,70342	∓ 0,00032
Wiener Normalklafter	840,70370	∓ 0,00038

Der grösste wahrscheinliche Fehler dieser Vergleichungen giebt noch eine Genauigkeit von $\frac{1}{2200000}$.

Wir haben also die Bessel'sche Toise

aus der Dorpater abgeleitet = $863^{L},99933$
nach ihrem Certifikat . . = $863^{L},99920$
Unterschied = $0^{L},00013$.

Die Dorpater und die Bessel'sche Toise stimmen daher überein bis auf $\frac{1}{6600000}$ ihrer Länge.

Beide Stäbe sind also durch Zufall einander so nahe gleich, dass man nicht noch einmal zwei solche Exemplare finden oder anfertigen kann.

W. Struve hat später auch noch die dänische Doppeltoise, welche bei den Gradmessungen in Dänemark und Hannover gebraucht wurde, sowie auch die englische Toise und Standards mit seinem Etalon verglichen, und so den Grund zu einer allgemeinen Maasseinheit gelegt, die schon lange ein anerkanntes Bedürfniss ist, dessen Abhülfe aber noch in weitem Felde zu liegen scheint. Das Einzige, was noch fehlt, wäre die Vergleichung der Borda'schen Messstangen mit dem russischen Etalon.

Ich habe alle diese Details hier hauptsächlich nur deshalb angeführt, um dadurch zu zeigen, dass die beiden äusserst nahe übereinstimmenden Toisen von Königsberg und Dorpat als die wahren Repräsentanten der Toise du

Pérou und als das bestverglichene Grundmaass aller Länder angesehen werden können und müssen. Ausserdem sind mit dem Bessel'schen Basisapparat in Preussen (bei Königsberg, Berlin, Breslau und Bonn) vier Grundlinien, in Dänemark (bei Copenhagen) eine, in Schweden (bei Upsala) eine, in Belgien (bei Lommel und Ostende) zwei, im Ganzen also acht Grundlinien gemessen worden. Sollten daher die Bessel'sche und die Dorpater Toise durch irgend welchen kaum denkbaren Zufall nebst den anderen damit verglichenen Stäben verloren gehen, so braucht man nur eine dieser Grundlinien, oder auch eine von den zahlreichen russischen *), mit einem beliebigen Maasse nachzumessen, um das Verhältniss dieses Maasses zu den erwähnten Toisen mit hinreichender Sicherheit wiederzufinden.

In Frankreich sind alle Grundlinien mit dem Borda-schen Apparat, also ursprünglich in Toisen, gemessen und dann in mètres umgewandelt worden.

Der neue spanische Basisapparat wurde mit den Borda-schen Messstangen verglichen und nachdem seine Länge in Toisen festgestellt war, konnte erst die Umwandelung in mètres stattfinden.

Aus all diesen Gründen scheint es am angemessensten zu sein, auch bei der in Vorschlag gebrachten Gradmessung die Toise als Maasseinheit festzuhalten.

Wie wir gesehen haben, ist die Toise das eigentliche geodätische Grundmaass auf dem ganzen europäischen Continent; aber auch in anderen wissenschaftlichen Beziehungen, wie bei den Barometerscalen, Barometerhöhen u. s. w., ist sie bis heute noch in grosser Ausdehnung festgehalten worden. Wenn daher eine Maasseinheit angestrebt werden soll, so ist das nur möglich, wenn man zur Toise zurückkehrt. Die Annahme jeder anderen Maasseinheit würde

*) Die Endpunkte aller dieser Grundlinien sind im Boden so festgelegt, dass sie nach Jahrhunderten mit Sicherheit wieder gefunden werden können.

nur die alte Verwirrung vergrössern. Dieser Vorschlag empfiehlt sich ausserdem noch dadurch, dass die Toise in keinem Lande gesetzliche Geltung hat, dass also auch, bei Einführung derselben, kein Land bevorzugt erscheint; dazu kommt noch, dass die Wissenschaft dieselbe nicht aufgeben kann, und dass in allen anderen Verhältnissen, aus der Annahme der Toise, nicht mehr Unbequemlichkeiten entstehen, als bei jeder anderen neuen Einheit.

Seitdem man gelernt hat, unnöthige Mühe und Arbeit als verlorenes Capital zu betrachten, wird das Bedürfniss nach einer allgemeinen Maasseinheit immer fühlbarer und die erweiterten Verkehrsverhältnisse, sowie die immer grössere Dimensionen annehmenden wissenschaftlichen Untersuchungen steigern dasselbe von Tag zu Tag. Es wäre daher kein geringes Verdienst, wenn erleuchtete Regierungen die Förderung dieser Angelegenheit in die Hand nehmen, und einflussreiche gelehrte Körperschaften, wie die Akademien zu Paris und zu Petersburg, ihren Einfluss geltend machen wollten, um die lang ersehnte Maasseinheit herbeizuführen.

Bei dieser Gelegenheit will ich nicht uuterlassen, auf die noch vielfach verbreitete irrige Meinung von der Unveränderlichkeit der Länge eines Metallstabes aufmerksam zu machen.

Die Bessel'schen Messstangen sind hinsichtlich ihrer Länge und Ausdehnung drei Mal, in den Jahren 1834, 1846 und 1854, untersucht worden. Wenn e^{I}, e^{II}, e^{III}, e^{IV} die Ausdehnungen der Eisenstangen in Theilen der Länge für 1° R. und z^{I}, z^{II}, z^{III}, z^{IV} die Ausdehnung der Zinkstangen bedeuten, so war das Ergebniss folgendes:

1834. Gradmessung in Ostpreussen. Seite 32.

$e^{I} = 0{,}000014367$; $z^{I} = 0{,}000041497$

$e^{II} = 0{,}000014818$; $z^{II} = 0{,}000041729$

$e^{III} = 0{,}000015015$; $z^{III} = 0{,}000041524$

$e^{IV} = 0{,}000015202$; $z^{IV} = 0{,}000041799.$

1846. Küstenvermessung. Seite 22.

$e^{I} = 0,000013921$; $z^{I} = 0,000040609$
$e^{II} = 0,000013735$; $z^{II} = 0,000039080$
$e^{III} = 0,000014585$; $z^{III} = 0,000040917$
$e^{IV} = 0,000014405$; $z^{IV} = 0,000040331$.

1854. Compte rendu des opérations pour étaloner les regles etc. Bruxelles 1855.

$e^{I} = 0,000012735$; $z^{I} = 0,000037104$
$e^{II} = 0,000012330$; $z^{II} = 0,000035385$
$e^{III} = 0,000012841$; $z^{III} = 0,000035758$
$e^{IV} = 0,000012895$; $z^{IV} = 0,000035941$.

Die summarische Länge aller 4 Stangen bei 0 Grad war

1834 . . .	=	$6916^{L},4668$
1854 . . .	=	$6916^{L},4499$
Unterschied	=	$0^{L},0169$,

folglich ist jede Stange in den 20 Jahren durchschnittlich um $0^{L},00425$ kürzer geworden, wobei indessen bemerkt werden muss, dass in der Zwischenzeit 7 Grundlinien gemessen wurden, und die Abnutzung der Enden hier mit inbegriffen ist.

Die in 20 Jahren verminderte Ausdehnung der 4ten Stange beträgt für 1° R. 0,000002307 Theile ihrer Länge, die = 1729 Linien ist, und daraus folgt, dass diese Stange durch ihre verminderte Ausdehnung bei 13° R. im Jahre 1854 um $0^{L},00399$ kürzer war, als 1834.

Puissant, in Nouvelle déscription géométrique de la France, Tom. I. p. 217, führt an, dass Colonel Bonne 1818 die Metallthermometer des Borda'schen Basisapparates nicht mehr in Uebereinstimmung mit den Angaben in der Base du système métrique gefunden habe, ist aber der Meinung, dass man an den Reductionselementen, wie sie Delambre und die Commission des poids et mesures gefunden haben, nichts ändern dürfe. Hiernach wird es sehr wahrscheinlich, dass auch Platin und Kupfer mit der Zeit ähnliche Veränderungen erleiden wie Eisen und Zink, und dass die mit Borda's Apparat später gemessenen Grundlinien einer Correction bedürften, um sie mit der Basis von Melun in Uebereinstimmung zu bringen.

Es wäre daher gewiss sehr wünschenswerth, wenn auch die Borda'schen und die russischen Messstangen wiederholt nach Länge und Ausdehnung bestimmt werden könnten, um die Veränderungen kennen zu lernen, welche dieselben mit der Zeit erlitten haben.

Es erscheint demnach fast unmöglich, eine gegebene Länge unveränderlich zu conserviren. Das beste Mittel, um die Veränderung der Normalstäbe kennen zu lernen, würde wohl noch immer darin bestehen, eine Grundlinie von Zeit zu Zeit mit denselben Stäben von neuem zu messen.

§. 11.

Vorarbeiten. — Ausgleichung der Dreiecksketten. — Polar-Coordinaten. — Astronomische Bestimmungen.

1. Ausgleichung der Dreiecksketten unter einander.

Die sämmtlichen Dreiecksketten in dem Bereich der vorgeschlagenen Gradmessung sind, so viel mir bekannt, so unter einander verbunden, dass sie da, wo sie zusammenstossen, eine oder mehrere Seiten gemeinschaftlich haben. Dadurch sind alle Entfernungen unter einander vergleichbar geworden und können auf einerlei Maasseinheit zurückgeführt werden.

Die Unterschiede der gemeinschaftlichen Seiten sind die Fehler der Winkel- und Basis-Messungen. Sollen beide Fehlerursachen von einander getrennt werden, so muss das Fehlerverhältniss der gebrauchten Winkelinstrumente und die Vergleichung der beiderseitigen Längenmaasse bekannt sein.

Das Fehlerverhältniss der Winkelinstrumente kann aber nur da ermittelt werden, wo bei den Anschlüssen die Beobachtungen auf mehreren Stationen doppelt, d. h. mit den beiderseitigen Instrumenten, ausgeführt wurden. Nachträglich kann dasselbe nicht mehr bestimmt werden, weil die Güte der Instrumente sich durch den Gebrauch wesentlich ändert.

Bei den Normalmaassen dagegen, nach denen die Grundlinien gemessen wurden, wenn sie noch nicht mit der Toise verglichen sind, kann diese Vergleichung noch immer stattfinden und würde anzuordnen sein, um ihr Verhältniss zur Toise endgültig festzustellen, damit die Fehler der Anschlüsse auf die Fehler der Winkelmessungen allein reducirt werden können. Wo das nicht geschehen kann, da wird man den Winkel- und Längenmessungen gleiche Gewichte beilegen, oder wenn andere Anhaltspunkte vorliegen, dieselben näherungsweise schätzen müssen.

Die Zurückführung der Dreiecksketten auf ein gemeinschaftliches Maass kann nun in folgender Weise geschehen:

a) Die in einem anderen Maasse gemessenen Grundlinien werden in Toisen verwandelt und der Unterschied der Anschlussseiten in Toisen festgestellt.

b) Dieser Unterschied wird nach den Gewichten der beiderseitigen Winkelmessungen vertheilt, also im Fall gleicher Gewichte halbirt und bildet die Fehler der verbundenen Dreiecksketten.

c) Der jedem Theil zugefallene Fehler muss zwischen seiner Grundlinie und der Anschlussseite durch Winkelverbesserungen, nach der Methode der kleinsten Quadrate, ausgeglichen und fortgeschafft werden, so dass man von der Grundlinie der einen Dreieckskette bis zur Grundlinie der anderen ohne Fehler rechnen kann.

Wenn dies für sämmtliche bei der Gradmessung concurrirende Dreiecksketten geschehen ist, so sind sie ohne Widerspruch in sich auf ein gemeinschaftliches Maass reducirt.

Wenn diese Ausgleichungen nicht vorgenommen werden, so fallen die Polar-Coordinaten, die man zwischen je zwei Punkten nach der einen und nach der anderen Grundlinie berechnet, nicht zusammen, und differiren nicht allein in der Entfernung, sondern, was noch viel wichtiger ist, auch im Azimuth.

2. Berechnung der geodätischen Polar-Coordinaten.

Unter Polar-Coordinaten werden hier die aus den Dreiecksketten abgeleiteten kürzesten Linien und ihre beobachteten Azimuthe verstanden; sie können also nur zwischen den astronomisch bestimmten Punkten gefunden werden. Die Berechnung derselben kann auf folgende Weise geschehen:

Man geht von einem astronomischen Punkt aus und nimmt das Azimuth der Richtung nach dem nächsten astronomischen Punkt so an, dass man in die Nähe desselben zu kommen glaubt; dann rechnet man die Länge dieser Richtung aus den Dreiecksseiten stückweise, entweder bis zum Durchschnitt mit dem Meridian des astronomischen Punktes, den man mit dem Ausgangspunkt verbinden will, oder bis zu dem Fusspunkt eines Perpendikels, den man von demselben auf die berechnete Linie fällt. Dasjenige Dreieck, welches von den beiden astronomischen Punkten und dem Fusspunkt des Perpendikels, oder dem Durchschnitt mit dem Meridian gebildet wird, kann sphärisch berechnet und der sphärische Winkel im zweiten astronomischen Punkt auf den sphäroidischen reducirt, und so das Azimuth im zweiten Punkt gefunden werden.

In ganz ähnlicher Weise werden auch die übrigen geodätischen Linien mit ihren zugehörigen Azimuthen berechnet.

3. Bildung und Ausgleichung des grossen geodätischen Netzes.

Durch die gefundenen Polar-Coordinaten entsteht ein grosses sphäroidisches Dreiecksnetz mit vielen überschüssigen Bestimmungsstücken, die zur Prüfung der gefundenen Polar-Coordinaten benutzt werden müssen. Zu dem Ende denke man sich das ganze astronomische Netz in bestimmte Polygone zerlegt, z. B.

1stes Polygon mit dem Mittelpunkt Copenhagen:

Königsberg, Memel, Stockholm, Christiania, Helgoland, Berlin, Königsberg.

2tes Polygon mit dem Mittelpunkt Berlin:

Königsberg, Warschau, Krakau, Wien, München, Bonn, Helgoland, Copenhagen, Königsberg.

3tes Polygon mit dem Mittelpunkt Altona:

Helgoland, Lyssabel, Berlin, Göttingen, Leiden, Helgoland.

4tes Polygon mit dem Mittelpunkt Berlin:

Trunz, Trockenberg, Prag, Seeberg, Göttingen, Altona, Lyssabel, Trunz.

5tes Polygon mit dem Mittelpunkt Prag:

Wien, München, Leipzig, Breslau, Wien.

6tes Polygon mit dem Mittelpunkt München:

Mannheim, Seeberg, Prag, Wien, Padua, Mailand, Genf, Mannheim.

7tes Polygon mit dem Mittelpunkt Mailand:

Turin, Mont Cénis, Genf, Bern, Zürich, Padua, Florenz, Turin.

8tes Polygon mit dem Mittelpunkt Rom:

Florenz, Neapel, Palermo, Turin, Florenz.

9tes Polygon mit dem Mittelpunkt Florenz:

Padua, Neapel, Palermo, Turin, Padua.

Es ist nicht die Meinung, dass diese Formation der Polygone als feststehend angesehen werden soll; sie wird hier nur beispielsweise angeführt. Es dürfte aber zweckdienlich sein, eine solche Feststellung vorher zu vereinbaren, und darnach die Berechnung der Polar-Coordinaten anzuordnen. Gleichzeitig bemerke ich auch, in Betreff der Sternwarten, dass ich mich lediglich an das Encke'sche Jahrbuch gehalten und nur die darin verzeichneten aufgenommen habe; sollten aber noch mehr, wie z. B. Tübingen, Basel u. s. w., benutzt werden können, so würde das wünschenswerth sein.

In den grossen sphäroidischen Polygonen, die wie oben formirt wurden, sind alle Winkel und Entfernungen bekannt; sie enthalten also eine beträchtliche Anzahl von überzähligen Bestimmungsstücken und müssen nach der Methode der kleinsten Quadrate behandelt und ausgeglichen werden. Die Bessel'sche Auflösung der sphäroidischen Dreiecke liefert die theoretischen Mittel dazu.

4. Astronomische Bestimmungen.

Wenn die Gradmessung zuverlässige Resultate liefern soll, so müssen selbstverständlich die astronomischen Bestimmungen die grösstmögliche Sicherheit haben. Wo daher die Polhöhen- oder Azimuthalbestimmungen noch aus früheren Zeiten herrühren, würde ihre Wiederholung höchst wünschenswerth sein. Sternwarten, welche etwa nicht im Besitz geeigneter Instrumente wären, können leicht zu diesem Zweck leihweise damit versehen werden, was um so leichter angeht, als die transportabelen Instrumente wenigstens in Bezug auf die Azimuthe in ihren Leistungen den grossen nicht transportabelen nur wenig nachstehen. (Siehe W. Struve in: Die Verbindungen der preussischen und russischen Dreiecksketten. Berlin 1857. Seite 432.)

Die direkte Bestimmung der Zeitunterschiede, vermittelst des elektrischen Telegraphen, erscheint nur zwischen den günstig gelegenen Hauptsternwarten wünschenswerth, weil im Allgemeinen die Längenunterschiede, besonders wenn sie klein sind, aus den Polar-Coordinaten mit grösserer Sicherheit gefunden werden können als durch Zeitbestimmungen, und weil, wie früher schon gezeigt wurde, Abweichungen der Lothlinie aus der allgemeinen Meridianebene ebenso gut auf die Zeitbestimmungen wie auf die Azimuthe einwirken. Dazu kommt noch, dass die Zeitübertragungen durch den Telegraphen noch mancherlei Störungen unterworfen zu sein scheinen, welche geeignet sind, die Resultate mehr oder weniger unsicher zu machen. Das grosse Vertrauen, welches man anfangs in diese Art des Zeittransportes setzte, ist namentlich dadurch etwas herabgestimmt worden, dass das Nordlicht, zufolge mehrfacher Beobachtungen, elektrische Ströme in den Telegraphendrähten hervorruft. Da nun schwächere elektrische Processe sehr häufig in der Atmosphäre stattfinden mögen, die uns unbemerkbar bleiben, weil sie sich nicht bis zu den Lichterscheinungen des Nordlichtes steigern, die aber dennoch einen Einfluss gewinnen können, so wird bei dieser Art der Zeitübertragung das Gefühl der Unsicherheit nicht eher zu beseitigen sein, als bis man Mittel gefunden hat, sich der momentanen Fortpflanzung der Zeichen unzweifelhaft zu versichern *).

5. Ausgleichung der astronomischen Bestimmungen.

Durch die Bestimmung von Polhöhe und Azimuth auf allen Punkten ist das auf der Karte dargestellte Netz zu einem astronomischen geworden, welches einer ähnlichen

*) Encke (Abh. d. Berl. Akademie 1858) giebt den telegraphisch gemessenen Zeitunterschied zwischen Berlin und Königsberg = 0^u 28′ 24″,1. Aus den beiden Polhöhen und den beiden Azimuthen erhält man 0^u 28′ 24″,27. Eine solche Uebereinstimmung ist aber nicht überall erreicht worden.

Controle und Ausgleichung unterworfen werden muss, wie das geodätische, nur mit dem Unterschied, dass bei den geodätischen Polygonen die Differenzen lediglich als Fehler der Messung angesehen werden konnten, während sie hier die Beobachtungsfehler nebst den Ablenkungen von der Lothlinie darstellen.

Um die erwähnten Differenzen bilden zu können, muss untersucht werden, welche Bedingungen sich aus den astronomischen Beobachtungen in Verbindung mit den kürzesten Linien herleiten lassen. Nun lässt sich zeigen, dass jede kürzeste Linie, nebst den Polhöhen und Azimuthen an ihren Endpunkten, ausreicht, um die Excentricität und die Abplattung desjenigen Sphäroids zu bestimmen, dem diese Linie angehört.

Man suche daher in einem $n$seitigen, um einen Mittelpunkt gebildeten Polygon, für die vom Mittelpunkt ausgehenden Richtungen, die zugehörigen n Abplattungen und ziehe die Bessel'sche Abplattung davon ab, so erhält man n Differenzen. Bei diesen Differenzen ist nun zu untersuchen, ob sie Beobachtungsfehlern zugeschrieben werden können, oder ob auch noch Abweichungen der Lothlinien dabei im Spiele sind.

Aus den astronomischen Bestimmungen der Sternwarten oder sonstiger Stationsorte sind die wahrscheinlichen Fehler der Polhöhen und die wahrscheinlichen Fehler der Azimuthe bekannt; es lässt sich daher untersuchen, in wie weit durch Einführung dieser Fehler die Differenzen der Abplattung zum Verschwinden gebracht werden können. Und in so weit, wie dies angeht, sind diese Differenzen Beobachtungsfehlern beizumessen. Für alle Punkte aber, wo noch ein erheblicher Rest übrig bleibt, wird derselbe einer Ablenkung der Lothlinie zuzuschreiben sein. Diese Punkte werden nun ausgeschlossen und die übrigen zu einem Polygon vereinigt, welches so auszugleichen ist, dass es einem einzigen Sphäroid entspricht. Die Bedingungsgleichungen zu dieser Operation werden folgendermassen gefunden: für jede vom Mittelpunkt eines Polygons ausgehende Richtung rechne man die Längenunterschiede einmal aus den Azimuthen und der Seite, das andere Mal aus den Polhöhen und der Seite. Beide Längenunterschiede müssen einander gleich sein und ihre Differenz giebt eine Bedingungsgleichung. Hiernach findet man für ein $n$seitiges Polygon n Bedingungsgleichungen. Ausserdem muss aber die Summe der Längenunterschiede aus den Polhöhen im ganzen Polygon für sich gleich Null sein, und ebenso auch die Summe der Längenunterschiede aus den Azimuthen. Man erhält daher in einem $n$seitigen Polygon $(n + 2)$ Bedingungsgleichungen, die nach der Methode der kleinsten Quadrate behandelt diejenigen Verbesserungen der Polhöhen und Azimuthe geben, welche einem Sphäroid entsprechen. Wollte man oben die Gleichungen der Abplattung noch hinzunehmen, so würden die Verbesserungen auf das Bessel'sche Sphäroid führen.

Wenn diese Arbeit für alle Polygone durchgeführt ist, so sind die Beobachtungen, in so weit sie durch die vorhandenen Bedingungen controlirt werden können, berichtigt, und die kleinen Widersprüche, die aus zufälligen Fehlerursachen entstanden sind, so ausgeglichen, dass nun zu einer wissenschaftlichen Untersuchung der Krümmungsverhältnisse geschritten werden kann.

§. 12.

Untersuchung der Krümmungsverhältnisse im Bereich der Gradmessung.

Aus den Polar-Coordinaten werden zunächst die Abstände von den Parallelen und die Perpendikel auf die Meridiane der einzelnen Punkte berechnet. Aus jenen können die Krümmungsradien der Meridiane, aus diesen die Krümmungsradien senkrecht auf die Meridiane gefunden werden. Beide Krümmungsradien bestimmen die Krümmung der Oberfläche an jedem Punkt.

Bei den verschiedenen, zwischen den Parallelen berechneten Meridianbögen sind sodann vorzugsweise zwei Gesichtspunkte in's Auge zu fassen und zu untersuchen:

1) Wie die Krümmungen der Meridiane in der Aufeinanderfolge der Polhöhen, d. h. in der Richtung von Norden nach Süden oder umgekehrt, sich zu einander verhalten; wobei vorhandene Unterschiede in den Krümmungen der Gebirge und der Ebenen hervortreten werden.
2) Wie die Krümmungen der Meridiane zwischen denselben Polhöhen, aber unter verschiedenen Längengraden sich zu einander verhalten; eine Frage, die bisher noch gar nicht behandelt worden ist.

In dieser Beziehung bietet die vorgeschlagene Gradmessung Gelegenheit, die Krümmung der Meridiane unter 11 verschiedenen Längengraden mit einander zu vergleichen, wie aus der nachfolgenden Zusammenstellung hervorgeht.

Uebersicht
der Meridianbögen, welche unter verschiedenen Längengraden bestimmt werden können.

No.	Namen der Punkte.	Länge.	Breite.	Amplitude im Meridian.
1.	Brüssel	22° 1' 31,5"	50° 51' 10,5"	
	Leiden	22 8 59,6	52 9 27,4	1° 18' 16,9"
2.	Louisberg bei Aachen .	23 44 50,0	50 47 8,8	
	Genf	23 49 3,3	46 11 58,8	4 35 10,0
3.	Bonn	24 45 45,0	50 43 45,0	
	Mont Cénis. Obs. . .	24 36 15,7	45 14 7,9	5 29 37,1
4.	Helgoland	25 32 38,19	54 10 48,0	
	Bern	25 6 10,5	46 57 6,0	7 13 42,0
	Turin	25 21 43,5	45 4 6,0	9 6 42,0
5.	Mannheim	26 7 30,6	49 29 12,9	
	Zürich	26 12 46,9	47 22 31,1	2 6 41,8
	Mailand	26 51 17,7	45 28 0,7	4 1 12,2
6.	Lyssabel	27 40 —	54 54 10,35	
	Altona	27 36 12,9	53 32 45,3	1 21 25,0
	Göttingen	27 36 12,2	51 31 47,9	3 22 22,4
7.	Christiania	28 23 19,5	59 54 43,7	
	Lauenburg	28 16 —	53 22 17,05	6 32 26,6
	Gotha	28 23 33,0	50 56 5,2	8 58 38,5
	Modena	28 35 28,5	44 38 52,8	15 15 51,9
	Florenz	28 55 30,0	43 46 40,8	16 8 2,9
8.	Copenhagen	30 14 34,0	55 40 53,5	
	Leipzig	30 2 10,5	51 22 20,5	4 18 33,0
	München	29 16 15,0	48 8 45,0	7 32 8,5
	Venedig	30 0 58,5	45 25 49,5	10 15 4,0
	Rom	30 8 30,0	41 53 52,0	13 47 1,5
9.	Berlin	31 3 30,0	52 30 16,7	
	Kremsmünster . . .	31 47 54,0	48 3 23,8	4 26 52,9
	Neapel	31 54 42,0	40 51 46,6	11 38 30,1
	Palermo	31 1 1,5	38 6 44,0	14 23 32,7
10.	Stockholm	35 43 14,5	59 20 34,0	
	Breslau	34 42 7,5	51 6 56,0	8 13 38,0
	Olmütz	34 56 33,0	49 35 23,0	9 45 11,0
	Wien	34 2 39,5	48 12 35,5	11 7 59,5
11.	Trunz	37 12 6,73	54 13 11,47	
	Krakau	37 37 6,0	50 3 50,0	4 9 21,5

Die in dieser Tabelle aufgeführten Amplituden und ihre Unterschiede sind aus den berechneten Abständen von den Parallelen in Toisen auszudrücken; dann dieselben Amplituden nach Encke's Tafeln, für die Gestalt der Erde nach Bessel's Bestimmungen, im Jahrbuch von 1852 ebenfalls in Toisen aufzusuchen. Aus der Vergleichung der correspondirenden Werthe ergeben sich alsdann die Uebereinstimmungen und die Abweichungen von der regelmässigen Figur der Erde, und es kann nun die Amplitude der ganzen Gradmessung von Palermo bis Christiania (21° 47′ 59″,7) nach ihren einzelnen Theilen zusammengesetzt werden.

In ähnlicher Weise ist auch bei Bestimmung der Parallelkreise zu verfahren. Zuerst werden die definitiven sphäroidischen Längenunterschiede gesucht, dann geodätische Linien nach den Punkten der übrigen Meridiane, die mit dem Ausgangspunkt gleiche Polhöhe haben, berechnet. Diese Punkte liegen sämmtlich in einer auf die Rotationsaxe senkrechten Ebene, folglich in ein und demselben Parallel.

Verwandelt man jetzt die gefundenen geodätischen Linien in Bögen des Parallels, so hat man die Längen der Parallelbögen in Toisen, welche den definitiven sphäroidischen Längenunterschieden zugehören. Die nachfolgende Tabelle giebt eine Uebersicht dieser Parallelbögen unter 10 verschiedenen Breiten.

Uebersicht
der Parallelbögen, welche unter verschiedenen Polhöhen bestimmt werden konnen.

No.	Namen der Punkte.	Breite.	Länge.	Amplitude im Parallel.
1.	Christiania	59°54′ 43,7″	28°23′ 19,5″	6°54′ 50,0″
	Upsala	59 51 50,0	35 18 9,5	7 20 0,0
	Stockholm	59 20 34,0	35 43 19,5	
2.	Copenhagen	55 40 53,0	30 14 34,5	8 31 15,5
	Memel	55 43 40,45	38 45 49,0	
3.	Helgoland	54 10 48,0	25 32 38,2	2 3 34,7
	Altona	53 32 45,3	27 36 12,9	2 7 21,8
	Lyssabel	54 54 10,4	27 40 —	11 39 35,2
	Trunz	54 13 11,5	37 12 13,4	12 37 3,5
	Königsberg	54 42 50,5	38 9 41,7	
4.	Leiden	52 9 27,4	22 8 59,6	8 54 30,4
	Berlin	52 30 16,7	31 3 30,0	16 32 29,6
	Warschau.	52 13 5,7	38 41 29,2	
5.	Göttingen.	51 31 47,9	27 36 12,2	2 25 58,3
	Leipzig	51 20 20,5	30 2 10,5	7 5 53,4
	Breslau	51 6 56,0	34 42 5,6	
6.	Brüssel	50 51 10,5	22 1 31,5	1 43 18,5
	Louisberg	50 47 8,8	23 44 50,0	2 44 13,5
	Bonn	50 43 45,0	24 45 45,0	6 22 1,5
	Gotha	50 56 5,2	28 23 33,0	14 31 3,5
	Trockenberg	50 24 44,0	36 32 35,0	15 35 34,5
	Krakau	50 3 50	37 37 6,0	
7.	Mannheim	49 29 12,9	26 7 30,6	8 49 2,4
	Olmütz	49 35 23,0	34 56 33,0	
8.	München	48 8 45,0	29 16 15,0	2 31 39,0
	Kremsmünster . . .	48 3 23,8	31 47 54,0	4 46 24,5
	Wien	48 12 35,5	34 2 39,5	
9.	Genf	46 11 58,5	23 49 3,3	1 17 7,2
	Bern	46 57 6,0	25 6 10,5	2 23 43,6
	Zürich	47 22 31,1	26 12 46,9	
10.	Mont Cénis. Obs. . .	45 14 7,9	24 36 15,7	0 45 27,8
	Turin	45 4 6,0	25 21 43,5	2 15 2,0
	Mailand	45 28 0,7	26 51 17,7	4 55 46,6
	Padua	45 24 2,5	29 32 2,3	5 24 42,8
	Venedig	45 25 49,5	30 0 58,5	

Anmerk. No. 4. wird aus der Messung des grossen europäischen Parallels gewonnen werden.

No. 10. ist schon in: Mesure d'un arc du Parallel Moyen, Milan 1827, enthalten und bedarf nur noch der Maassreductionen und der Umformung in Polar-Coordinaten.

Nach der obigen Tabelle sind die Amplituden und die Länge eines Grades unter jeder Polhöhe in Toisen zu ermitteln, und mit Bessel's Figur der Erde zu vergleichen, woraus hervorgehen wird:

1) Ob die Grade eines Parallels gleich gross, d. h. ob die Parallelen Kreise sind oder nicht.
2) Ob die Länge der Parallelbögen zwischen denselben Meridianen, aber unter verschiedenen Polhöhen, einem richtigen sphäroidischen Streifen entsprechen oder nicht.

Wenn die Abweichungen, welche sich ergeben, nur vereinzelt vorkommen, so werden solche Punkte ausgeschlossen, und dasjenige Sphäroid bestimmt, welches den übrigen entspricht. Dasselbe stellt dann die allgemeine Krümmung der Oberfläche dar, von welcher einzelne Punkte abweichen. Sind aber die Abweichungen so beschaffen, dass sich kein bestimmtes Rotations-Ellipsoid daraus zu erkennen giebt, so kann man durch je 9 zusammengehörige Punkte eine Oberfläche des zweiten Grades legen, welche alsdann die gekrümmte Oberfläche der Erde in diesem Bereich darstellt.

Schluss.

Werfen wir einen summarischen Rückblick auf die historische Entwickelung der Gradmessungen, so finden wir, dass die beiden ersten Versuche in die Zeit der griechischen Culturepoche, in das dritte und erste Jahrhundert v. Ch. Geburt fallen; der dritte Versuch gehörte der arabischen Glanzperiode im 9ten Jahrhundert n. Ch. an, und war der letzte Reflex der alexandrinischen Schule auf dem heimatlichen Boden.

In Europa dagegen tauchte die Frage gleich nach dem Mittelalter in Frankreich zuerst wieder auf, führte im 17ten Jahrhundert zu grossen Verbesserungen der Instrumente und schloss sich den ewig denkwürdigen theoretischen Untersuchungen Newton's an, der die bis dahin angenommene Kugelform der Erde leugnete und die Nothwendigkeit einer Abplattung an den Polen nachwies. Im 18ten Jahrhundert rüstete Frankreich die berühmten Expeditionen nach Peru und Lappland aus, in deren Folge die Newton'sche Theorie einen Triumph feierte, der es ausser Zweifel setzte, dass der Schöpfer dem Menschen die hohe Gunst erwiesen habe, mit seinem Verstande die göttlichen Gesetze der Natur zu erfassen und zu erkennen. Seit dieser Zeit schloss sich die strenge Wissenschaft den Gradmessungen an, und diese Wechselwirkung hatte für beide die erfreulichsten Fortschritte zur Folge. Das Interesse stieg mit dem Erfolg, und wurde bald so allgemein, dass sich mit dem 19ten Jahrhundert beinahe fast alle europäische Staaten daran betheiligten, unter denen nun vorzugsweise England und Russland die grossartigsten Leistungen aufzuweisen haben.

Alle diese Kräfte und Mittel waren lediglich auf die Bestimmung der allgemeinen Figur und Grösse der Erde gerichtet, und nach zweihundertjährigen ununterbrochenen Anstrengungen ist es denn endlich gelungen, eine befriedigende Lösung der Aufgabe herbeizuführen, indem die Untersuchungen von Bessel und Airy die Dimensionen der Erde mit einer Uebereinstimmung ergeben haben, die nichts mehr zu wünschen übrig lässt.

Damit ist zwar die allgemeine Aufgabe gelöst, allein es geht hier wie bei jedem Studium der Natur: jeder Schritt vorwärts eröffnet ein immer weiteres Feld der Forschung. Die Natur birgt in ihrem geheimnissvollen Schoosse eine ewig unerschöpfliche Quelle von Mitteln, die sich der Mensch mit ganz demselben Rechte nutzbar machen kann, mit dem er ihr die gewöhnlichen Nahrungsmittel entnimmt; sie liegen aber nicht so auf der Hand wie diese, und werden ihm erst durch bedeutende Mühe und Arbeit, durch langjähriges Studium zugänglich; er hat aber dabei den doppelten Gewinn, einmal seine Erkenntniss der Naturgesetze, also seine Intelligenz zu vermehren, und dann durch die Entdeckung neuer Hülfsmittel viele Bedürfnisse besser zu befriedigen und den allgemeinen Wohlstand zu erhöhen. Wie unbedeutend ist bis jetzt unser Vordringen in der Erforschung der Natur, und welche reichen Hülfsmittel verdanken wir nicht diesen Anstrengungen! ich nenne nur: Nautik, Dampfmaschinen, Gaslicht, Eisenbahnen, Telegraphen u. s. w. u. s. w.

Daran können wir abnehmen, welch' immense Schätze noch ihrer Hebung durch die Wissenschaft harren!

Diese Thatsachen sind so handgreiflich und so klar wie der helle lichte Tag, und doch hat das Studium der Natur seine Feinde! Aber sind nicht diese Anfeindungen eine Versündigung gegen Gott, der dem Menschen die Natur zur Benutzung gegeben; sind sie nicht schnöder Undank gegen die Träger und Förderer der Wissenschaft? — Ist doch die Wissenschaft noch das einzige gemeinsame Band der gesammten Christenheit, die bereits durch die Politik und durch die Kirche in viele Theile und Theilchen gespalten und zersplittert worden ist! Wollen wir diesen letzten Zusammenhang auch noch zerreissen? oder wollen wir nach Kräften daran arbeiten, ihn in Politik und Kirche, wenn es möglich ist, so herzustellen, wie er in der Wissenschaft, Gott sei Dank! noch besteht? Ich glaube nicht, dass die Wahl zweifelhaft sein kann.

Lassen wir uns also nicht beirren in dem unausgesetzten Studium der Natur und der kräftigsten Förderung der Wissenschaft; sie sind der Compass, der uns an den Klippen der steigenden Civilisation, an denen so viele Reiche gescheitert sind, glücklich vorüberbringen kann; sie schützen durch das geistige Interesse, das sie einflössen, und durch die Anstrengungen, die sie verlangen, gegen Verweichlichung, Egoismus, Entsittlichung und alle die gemeinen Leidenschaften, welche den Zersetzungsprocess früherer Culturstufen herbeigeführt haben; sie schaffen Befriedigungsmittel für die Bedürfnisse der immer steigenden Bevölkerung; sie fügen der physischen Kraft den mächtigen Faktor der Intelligenz hinzu, der in grossen Kämpfen stets den Ausschlag zum Siege gegeben hat; sie mahnen als Gemeingut aller Menschen immerfort an die Einigkeit, an ein gemeinsames christliches Ziel in Politik und Kirche.

Halten wir daher fest an der Wissenschaft und dem

Studium der Natur, sie sind immer der Maassstab der Intelligenz eines Volkes gewesen und werden es bleiben.

Die Gradmessungen haben nun, wie wir oben gesehen, auf die Entwickelung der Wissenschaften einen sehr bedeutenden Einfluss gehabt, wir dürfen daher erwarten, dass das weitere Verfolgen der durch sie neu angeregten Fragen von einem nicht minder günstigen Erfolge begleitet sein werde; ja, wir dürfen hoffen, dass das Eingehen auf speciellere Untersuchungen zu Resultaten führen werde, die uns viel näher liegen als die allgemeine Figur und Grösse der Erde.

Die neu angeregten Fragen betreffen die merkwürdigen Abweichungen in der Krümmung der Erdoberfläche, die an einzelnen Stellen beobachtet wurden, und die Erforschung der diesen Abweichungen zum Grunde liegenden Ursachen; sie umfassen also Untersuchungen, die nicht blos die specielle Krümmung, sondern auch die Beschaffenheit der Erdschichten an diesen Stellen zum Gegenstand haben, und die deshalb viel tiefer in das Gebiet der Naturwissenschaften eingreifen als die bisherigen Gradmessungen.

Der Westen und Osten Europa's hat mit grosser Ausdauer und Energie an der Lösung der allgemeinen Aufgabe gearbeitet; die specielle bleibt Mitteleuropa vorbehalten, oder vielmehr sie fällt ihm zu; denn es ist begünstigt durch vorzugsweise geeignete Lokalverhältnisse; es hat sehr zahlreiche Sternwarten und dadurch bedeutende, für wissenschaftliche Arbeiten und Beobachtungen ausgebildete Kräfte; es besitzt in seinen ausgedehnten Triangulationen einen grossen Schatz von Materialien, die nur geordnet, mit den Sternwarten in sichere Verbindung gebracht und zu Resultaten verarbeitet zu werden brauchen; kurz, es ist hier Alles vereinigt, was zur Ausführung eines so grossartigen Werkes erforderlich ist: es kommt nur darauf an, diese Kräfte und Mittel unter einander zu verbinden und in eine gemeinsame Thätigkeit zu setzen, oder mit anderen Worten, das Princip der Association, das im praktischen Leben sich so vortrefflich bewährt, auch in der Wissenschaft zur Geltung zu bringen.

Hierzu den Anstoss zu geben, war der allgemeine Zweck dieser Schrift, der specielle Wunsch des Verfassers aber ist, dass es ihm gelungen sein möge, durch die Darstellung der bisherigen Leistungen und der gewonnenen Resultate, ein so lebendiges Interesse für das Unternehmen und den wissenschaftlichen Fortschritt überhaupt zu erwecken, dass dadurch die Theilnahme und die Einigung zu einer grossen mittel-europäischen Gradmessung erzielt werde. — Möge dieser Wunsch in Erfüllung gehen!

EN

Mittel Europ

Maa

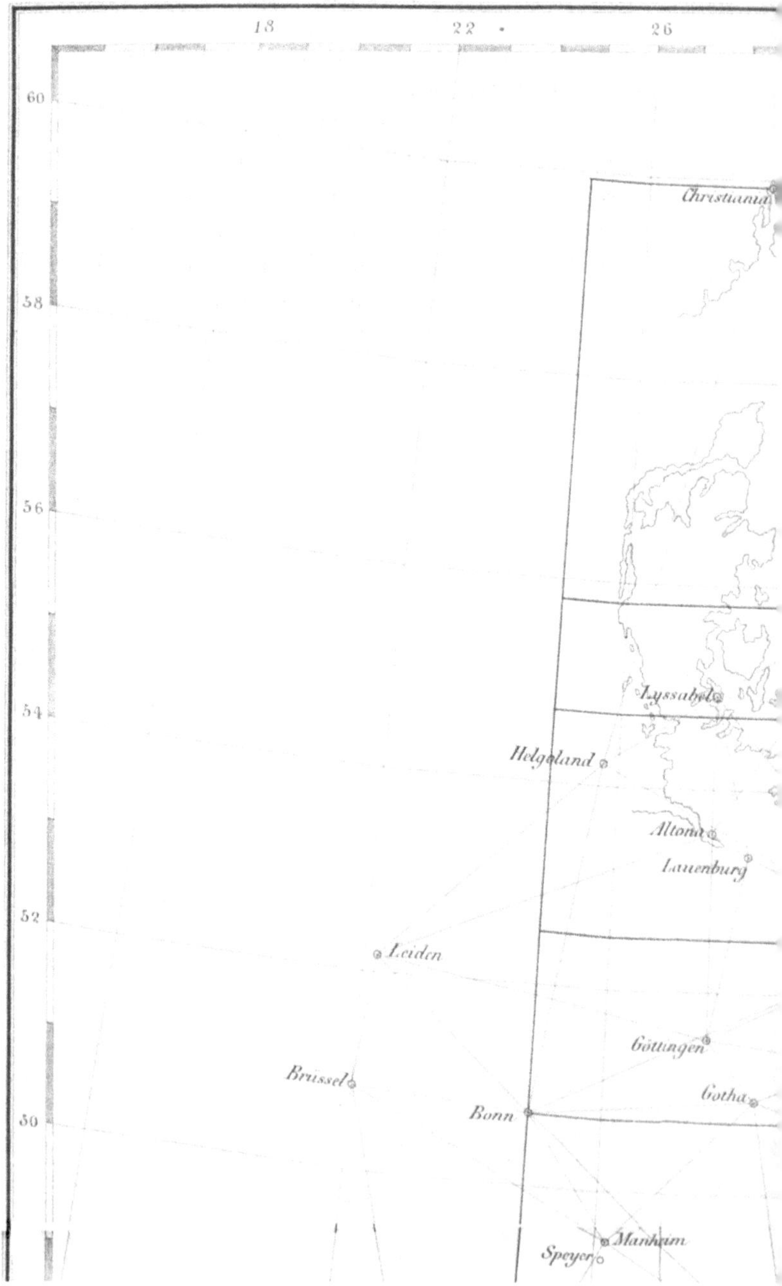

URF

Gradmessung

$\frac{1}{\ldots 00000}$.

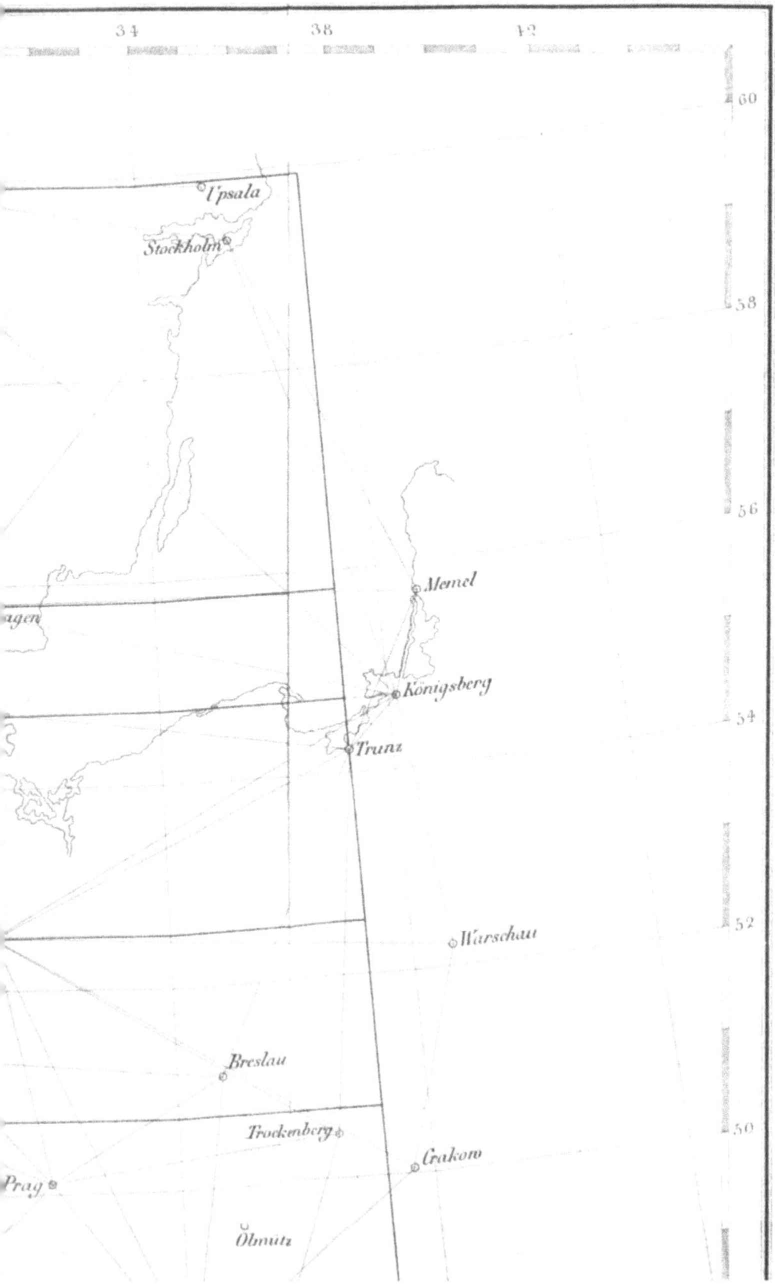

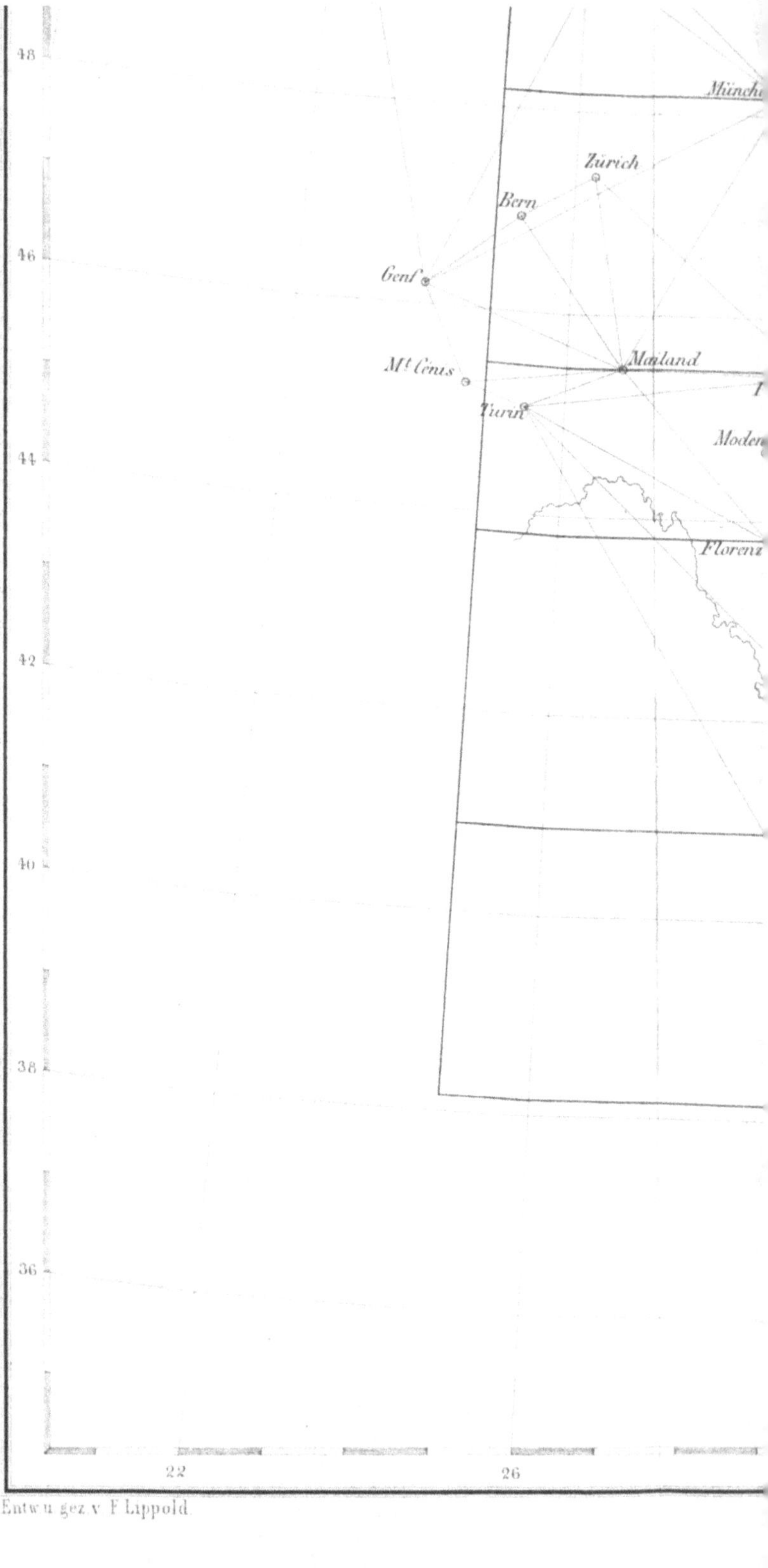

Entw u gez v F Lippold

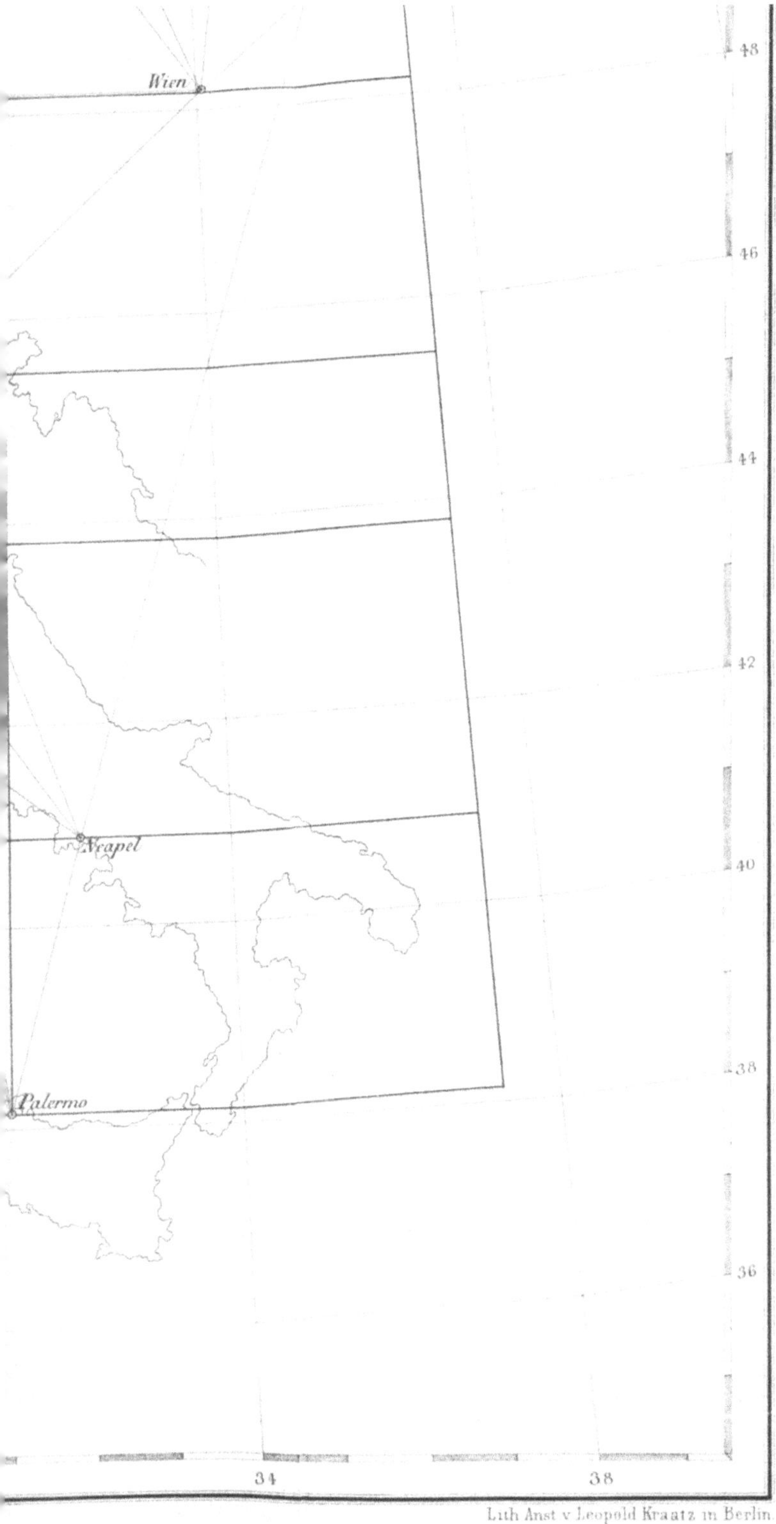

Lith Anst v Leopold Kraatz in Berlin.

FSC
www.fsc.org
MIX
Papier | Fördert
gute Waldnutzung
FSC® C083411

Zeitfracht Medien GmbH
Ferdinand-Jühlke-Straße 7
99095 Erfurt, Deutschland
produktsicherheit@kolibri360.de